INNOVATOR'S SMILE

Jens Bode

INNOVATOR'S SMILE

Eine Roadmap für innovatives Denken und Handeln

1. Auflage

Haufe Group
Freiburg · München · Stuttgart

Bibliografische Information der Deutschen Nationalbibliothek

Die Deutsche Nationalbibliothek verzeichnet diese Publikation in der Deutschen Nationalbibliografie; detaillierte bibliografische Daten sind im Internet über http://dnb.dnb.de abrufbar.

Print: ISBN 978-3-648-12091-0   Bestell-Nr. 10295-0001
ePDF: ISBN 978-3-648-12093-4   Bestell-Nr. 10295-0150

Jens Bode
INNOVATOR'S SMILE
1. Auflage 2018

© 2018 Haufe-Lexware GmbH & Co. KG, Freiburg
www.haufe.de
info@haufe.de
Produktmanagement: Anne Rathgeber

Lektorat: Doreen Ludwig, decorum Fachlektorat
Satz: kühn & weyh Software GmbH, Satz und Medien, Freiburg
Umschlag: RED GmbH, Krailling
Fotos: Fotolia, Rock Brasiliano und eigene Bilder

Inhaltsverzeichnis

Vorspiel

Du, Manager ;-)

Es ist Frühjahr 2018 und ich schreibe dieses Buch. Für mich ist dies ein innovativer Prozess, ein Experiment mit Grüßen aus meiner Komfortzone und eine Trainingseinheit für meine Disziplin. Ich bin dankbar, dass die Haufe Group genauso begeistert von der Idee zu diesem Buch ist wie ich. Das Buch richtet sich an Manager mit dem Mindset des Machers, des Kreativen und des Innovators. Während ich denke und tippe, merke ich, dass die Sie-Form nicht meins ist. Wenn ich Vorträge halte – ob in einer kleinen Runde von Vorständen oder im Rahmen von Konferenzen mit Tausenden Teilnehmern –, spreche ich mit viel Energie, sehr persönlich und daher stets in der Du-Form. Ob »du« oder lieber »Sie« ist eine Frage der Einstellung. Auch wenn Sie und ich uns jetzt nicht persönlich kennen, ist es mir einfach sympathischer, vertrauter, besonders bei den Themen Kreativität und Innovation, in der Du-Form zu schreiben. Wenn du dich dabei unwohl fühlst, stelle dir einfach vor, ich sei der Ältere –

was recht wahrscheinlich ist – und würde dir mit großem Respekt das Du anbieten.

Im meinem beruflichen Umfeld, selbst oder gerade in den börsennotierten DAX-Unternehmen, in denen ich mich bewege, nutzen wir das respektvolle Du. Danke, dass du dich darauf einlässt und damit auch zu einer deutlichen Entspannung beim Schreiben meinerseits beiträgst.

Für den besseren Lesefluss nutze ich meist nur die männliche Schreibweise. Auch an euch, liebe Leserinnen, richtet sich mein Beratungsansatz. Ich danke euch, verbunden mit großem Respekt für euer Verständnis.

Extra-Mile

Gleich zu Beginn möchte ich dir ein Angebot machen. Erfolgreiche Innovatoren sind immer auch inspirierende Netzwerker. Deswegen freue ich mich auf einen regen interaktiven, konstruktiv-kritischen Austausch. Wenn du Fragen rund um das Thema Innovation hast oder für eine bestimmte Herausforderung einen Sparringspartner suchst, dann lass es mich gerne wissen. Genauso freue ich mich, wenn du inspirierende Insights und Trends oder auch ein spannendes neues Tool zur Innovation mit mir teilen möchtest.

Wenn du Fragen hast, inspirierende Kontakte suchst oder einen Impuls zur Innovation brauchst, lade ich dich schon jetzt ein, mit mir direkt Kontakt aufzunehmen. Meine Kontaktdaten findest du am Ende des Buches.

Übrigens: Ähnlichkeiten aus meinen Beschreibungen und Geschichten mit realen Unternehmen und handelnden Personen sind rein zufällig.

Fangen wir an – zunächst mit der Frage, was ist Innovation? Laut Duden:[1] In|no|va|ti|on

- (*Soziologie*): geplante und kontrollierte Veränderung, Neuerung in einem sozialen System durch Anwendung neuer Ideen und Techniken oder (bildungssprachlich) Einführung von etwas Neuem; Neuerung; Reform
- (*Wirtschaft*): Realisierung einer neuartigen, fortschrittlichen Lösung für ein bestimmtes Problem, besonders die Einführung eines neuen Produkts oder die Anwendung eines neuen Verfahrens
- (*Botanik*) (bei ausdauernden Pflanzen): jährliche Erneuerung eines Teils des Sprosssystems.

Mmmhh. Oder: Innovation ist der Wunsch, dass es besser wird und der Beweis, dass wir die Zukunft gestalten können. Eine positive Perspektive, dass es Fortschritt gibt. Nimm und nutze dein kreatives Talent und gestalte die Zukunft mit. Vorwarnung: Diesen Aufruf an dein einzigartiges, individuelles und kreatives Talent wirst du einige Male wieder lesen.

---

1   https://www.duden.de/rechtschreibung/Innovation

Sparring

Ich weiß nicht, welches kreative Talent du hast, wie du Informationen und Impulse aufnimmst, kombinierst und verarbeitest. Oder wie du ein Buch liest. Ich möchte dich einladen, dieses Buch nicht nur zu lesen. Ich möchte dich dazu animieren, meine Gedanken rebellisch-klug und offen zu hinterfragen und mit deinen eigenen Erfahrungen abzugleichen. Bitte nutze die folgenden Seiten als eine Art Innovations-Sparring zwischen dir und mir. (Be-)Nutze es im wahrsten Sinne des Wortes. Unterstreiche Gedanken, mach dir Notizen, scribble und male hinein. Setze !, wenn dir etwas besonders wichtig erscheint, aber auch ?, wenn du gedanklich nicht mit mir konform gehst. Mach das Buch zu deinem individuellen Impulsbuch. Lies es, ruhig auch quer, leg es wieder weg, lies es erneut. Wenn du für dich oder für deine berufliche Umgebung einen Impuls suchst, nimm es wieder zur Hand und lass dich spontan inspirieren. Ich freue mich auf das Sparring mit dir.

Erwartung an dieses Buch

Danke für dein Vertrauen in mich und meine Gedanken. Es ist eine Investition in dich selbst. Ich möchte, dass sich dieses Investment um ein Vielfaches für dich auszahlt – pragmatisch und schnell. Du hast nicht in ein gefühlt 528-seitiges Nur-Text-Buch investiert, auch nicht in ein akademisches und mit Ablaufdiagrammen vollgespicktes Wissenschaftstraktat. Du hast in ein schlankes Arbeitsbuch investiert: mit Checklisten und auch Provokationen, manchmal auch mentalen Ohrfeigen, einem Work- und Do-Book für die Praxis und aus der Praxis.

Achtung: Nur ein Impuls

Wenn dich auch nur ein Impuls zum Nachdenken anregt und du ihn ausprobierst oder umsetzt, dann hat sich deine Investition in dieses Buch bereits gelohnt. Bleib neugierig und mutig, dann werden sich die Impulse potenzieren.

Du hast keine Zukunft ohne Innovationen!

Lust-Macher

Wer bin ich, dass ich glaube, dir Tipps und Empfehlungen geben zu können? Ich bin ein 64er-Jahrgang, im Sternzeichen Wassermann geboren und aufgewachsen in Düsseldorf. 1981 habe ich eine Ausbildung bei der Henkel AG & Co. KGaA am Hauptsitz in Düsseldorf begonnen und wurde direkt übernommen. 1984 bis 1990 habe ich acht Semester Technische Chemie bis zum Technician Engineer studiert – am Wochenende und abends parallel zu meinem Job. Schlussendlich war mir die Welt der winzigen Atome, Moleküle oder Benzolringe jedoch zu klein und zu naturwissenschaftlich. Ich wollte mehr in den gestalterischen, kreativeren Bereich und so habe ich noch vier Semester Marketing im Fernstudium drangehängt.

Faszinierend für mich war, dass ich immer Jobs gesucht oder angeboten bekommen habe, die es bis dato bei Henkel nicht gab. Die letzten beiden habe ich für mich selbst gestaltet und aktiv vorgeschlagen. Alle in dem Unternehmensbereich *Laundry & Home Care*: gestartet im Process Engineering, dann in die Abteilung Packaging Design gewechselt, wo ich erst Verpackungen entwickelt habe. Später wurde ich praktisch freigestellt, um neue Impulse zur Innovation zu entdecken. Dann im Invent-Team, dem ersten internen ThinkTank, mit größtmöglichen Freiheiten und sehr offenen Briefings, um neue, disruptive Lösungen zu entwickeln. Anschließend innerhalb der Marktforschung, jedoch nicht mit Fokus auf quantitative Ergüsse und Excel-Tabellen, sondern sehr qualitativ, explorativ und immer gemeinsam und persönlich mit dem Kunden zusammen zu innovieren. Hier hatte mein damaliger Chef *Prof. Dr. Hans-Willi Schroiff*[2] im Jahr 2000 die Vision, die Marktforschung mit ihren klassischen Einheiten, als Beratungsinstanz im eigenen Unternehmen weiter auszubauen und das mit einer neuen Einheit: dem Consumer Insight Team. Mit diesem Team, dessen Leitung ich damals übernahm, haben wir neue, qualitative Tools entwickelt,

---

2   Tina Müller, Hans-Willi Schroiff (2013): Warum Produkte floppen: Die 10 Todsünden des Marketings, Haufe.

15

mit denen wir weltweit sehr eng und intensiv zusammen mit unseren Endverbrauchern Innovationen entwickeln konnten. Parallel wurden weitere Innovationsprozesse integriert, die ich zusammen in einem fünfköpfigen Ambassador-Team als Coach begleitet habe – erst in Deutschland, dann erweitert auf Europa und schließlich überall auf der Welt, bis nach Indien und Guatemala.

2011 habe ich über ein Feedback-Gespräch mit einem meiner damaligen Chefs einen Impuls bekommen, der nachhaltige Wirkung hatte. Sinngemäß sagte er: »*Jens, du siehst und findest Dinge, die andere nicht sehen, aufnehmen, um daraus Ideen zu entwickeln. Das, in Kombination mit deiner Kreativität, ist ein unglaubliches Talent.*« Ehrlich gesagt, habe ich es selbst nie als solches gesehen, aber mir wurde immer klarer, wie genau mein Traum- und Wunschjob aussehen musste. Es ist die Schnittmenge aus meinen Stärken, Leidenschaften und dem Need im Unternehmen oder Markt. Meine »perfekte Stelle« habe ich direkt auf einer Seite formuliert, inklusive einem Scribble für mein neues Büro. Das konnte ich gleich einsetzen, als ich Ende 2011 die Einladung zum Onboarding bei unserem neuen Vorstand bekam, und er war genauso begeistert

von der Idee wie ich. *Glück ist Zufall, der auf Bereitschaft trifft*[3] und es gibt keine Zufälle. Drei Monate später hatte ich neue Visitenkarten. Neben dem Titel die neue Abteilung *Trend & Foresight Management* als antizipativer Teil zur Innovation – mit einem Touch »freies Radikal«. Neben weiteren Verantwortungen rund um Inspiration und Innovation innerhalb der International Marketing Unit erweiterte sich mein Aufgabenbereich noch um den disruptiveren Part des »Innovation GameChangers« im Herbst 2017.

Essenzielle Skills für Innovatoren sind eine offene Kommunikation, aktives Netzwerken, konstruktiver Optimismus, starke Resilienz, unendliche Neugierde und konsequentes Querdenken. Eine Prise Wahnsinn, im Positiven gemeint, kann auch helfen. Ich habe mich immer sehr gerne extern inspirieren lassen – von Produkten, Business-Modellen und vor allem von Menschen. Ich war und bin viel unterwegs und wurde mehr und mehr auch von anderen Unternehmen als Innovation-Sparringspartner

---

3   In Anlehnung an ein Zitat von Seneca: https://www.aphorismen.de/zitat/3297

angefragt. So lange diese Unternehmen nicht im direkten Wettbewerb zu Henkel stehen, ist das in Ordnung und wird von der Company akzeptiert. Diese Option empfinde ich in puncto Freiheitsgrad und Innovationskultur sehr erfrischend-inspirierend und innovativ. So habe ich zahlreiche Unternehmen als Sparringspartner und Impulsgeber zur Innovation begleitet und beratend betreut. DAX-30-Konzerne, wie Tec-DAX-Unternehmen, B2B, B2C und familiengeführte Mittelständler oder Genossenschaften, national wie international und aus folgenden Branchen: Sport (Impulse zur Zukunft des Fußballs und bei einem Ski-Hersteller, Aufbau eines Innovationsteams), Genossenschaftsgruppen (Moderation und Sparring mit reinen Vorstandsrunden), Luftfahrt (Innovationskultur), Versicherungen (Innovationskultur und Inspirationen für neue Business-Modelle), Arzneitees (Impulse für das Suchfeld Premium), OTC-Pharma-Produkte (neue Angebote), Automotiv (kreative Skills und Innovationskultur), Transportwesen (kreative Skills und Innovationskultur), Vitamin-Nahrungsergänzungsmittel (kreative Skills und Innovationskultur), Kreditkarten und CRM-Management (Aufbau eines Innovationsteams), Energie (Aufbau einer internen »Guerilla-Gruppe«), Industriegüter (kreative

Skills und Innovationskultur), Food mit Projekten rund um Tee, Bier oder Schokolade (jeweils neue Produktkonzepte und -angebote), um nur einen Querschnitt zu nennen. Hieraus sind Erfahrungen und Synergien entstanden, die natürlich auch in meinen Job bei Henkel zurückfließen. Compliance vorausgesetzt und als Ergebnis mit einem Win-win-Effekt auf ganzer Linie.

Den Freiraum meiner freiberuflichen Tätigkeit nutze ich auch als Keynote Speaker, unter anderem mit Vorträgen bei der Handelskammer Hamburg, Börse Frankfurt, GDI Zürich, Innovation Summer School, als Key-Note Speaker, unter anderem bei Management Forum Starnberg, Succus Wien sowie als Dozent diverser Business Schools. Ich bin sehr aktiver Netzwerker und Mitgründer diverser Trend- und Innovationsverbände, unter anderem des Industrie Trend Netzwerks und Beirat im Trendforum. Auf den Punkt zusammengefasst: Ich liebe das Thema Innovationen und Kreativität, und Inspiration zur Innovation ist meine tägliche Motivation.

Seit über 36 Jahre bewege ich mich in einem innovativen und sehr schnelldrehenden Umfeld: davon 20 Jahre fokussiert auf Kreativität und Innovationen, über 800 Coachings- und Workshops, freiberufliche Innovationsprojekte in mehr als 30 Unternehmen jeglicher Couleur, Mitgründer diverser Innovationsverbände, Innovation-Sparringspartner, Key-Note Speaker und Hardcore-Netzwerker – all das zu der oben genannte Frage, warum ich glaube, dir Impulse zur Innovation mitgeben zu können. Vor allem – und das ist mir besonders wichtig – aus der Praxis. Ich bekomme praktisch täglich Anfragen wie »*Guten Tag Herr Bode, mein Name ist ... und ich biete ihnen Design Thinking (alternativ jegliche Art von kreativen Denkmodellen oder Innovationsprozessen) an.*« Und wenn ich nach der Expertise, nach Praxiserfahrung oder Best Practise Cases frage, kommt nicht selten, dass man gerade fertig ist mit dem Studium, Quereinsteiger ist und/oder, dass man eine Beratung gegründet hat oder Ähnliches. Das heißt, wieder ein 100-Prozent-Theoretiker. Ich habe für mich die Regel, dass ich nur mit Externen zusammenarbeite, wenn sie zumindest einen Teil ihrer Laufbahn in einem Unternehmen gearbeitet haben und den »Schmerz«, die Lust und auch die täglichen Herausforderungen in einem Unternehmen kennen.

Privat lebe ich in einer kreativ-mental sehr befruchtenden Partnerschaft und – wie man in Schweden sagen würde – Bonus-Familie mit meiner Partnerin Nic. Manchmal alleine und manchmal mit bis zu vier Kindern, wobei drei schon erwachsen sind. Wir pendeln zwischen Düsseldorf und Aachen, lieben Städtereisen, Design, Kunst, Architektur. Und hier investiere ich zusätzlich Zeit, Wissen, Energie und Budgets in Start-ups rund um »schöne Dinge«, wie etwa Design- und Kunstplattformen.

Bei einer Keynote in Bonn im September 2017 fragte mich der Moderator, wie ich meinen Job einem Fünfjährigen erklären würde. Spontan rutschte mir raus: »*Ich bin Schatzsucher und Lustmacher.*« Schatzsucher in dem Sinne, dass ich immer auf der Suche nach dem Neuen bin, und Lust-Macher, weil ich meine Leidenschaft für kreatives Arbeiten und Innovieren gerne weitergebe und teile.

INNOVATOR'S SMILE ist ein sehr persönliches Buch – mit Zitaten, Beispielen, Geschichten, meinen favorisierten Kreativitätstechniken und Lieblings-Innovationsprozessen.

Mein Traum – Meine Vision

»... everything starts with a why.«
Yves Saint Laurent

Mein Antrieb, mein Why und meine Vision ist eine Welt voller angewandter Kreativität, Ideen, Optionen und genutzter Chancen. Mein Warum-Faktor: Ich will, dass jeder sich seiner Stärken bewusst ist (und hier gerne auch früher, als es mir bewusst wurde) und jeder sein individuelles, kreatives Talent auslebt. Ich möchte, dass jeder in seinen eigenen Möglichkeiten zum einzigartigen Schatzsucher wird. In diesem Buch gebe ich dazu konkrete Impulse.

Mit einer faszinierenden Regelmäßigkeit bekomme ich immer wieder dieselbe Frage gestellt: Wie sieht der sagenumwobene inflationäre Wunderinnovationsprozess aus? Was ist das Geheimnis? Was brauchen wir? Vielleicht noch: Was kostet es?

Schauen wir uns die Ist-Situation in vielen Unternehmen an: Wir bewegen uns in einem Modus permanenter Anspannung und externer Bedrohung durch Wettbewerber und neuer Marktsituationen. Interne Umstrukturierungen sind kein Geschäftsprozess mehr, sondern Dauerzustand. Gleichzeitig fühlen wir nicht nur in der Magengegend den Druck und sind auf der Jagd nach immer neuen Ideen. Das »normale« Tagesgeschäft ist mehr als herausfordernd. Der Outlook-Kalender ist schon auf Monate im Voraus ausgebucht, teilweise von Dritten fremdbestimmt, verplant und das »Ping« des Notebooks meldet gefühlt mehrere dutzendmal am Tag eine neue E-Mail. Spam-Mails nicht mitgezählt.

Und jetzt eine kurze Geschichte aus dem Leben

Was machen die Kollegen aus dem Innovationsteam? Sie treffen sich zweimal monatlich in lockerer Runde und für einen kompletten Tag.

Die Mitglieder sind bestens vorbereitet, die neuesten Markttrends und Insights werden wertschätzend ausgetauscht und gemeinsam intellektuell übersetzt in Ideen und erste Prototypen. Das Team hat sogar Spaß daran, und bevor die Teammitglieder wieder in die tägliche Routine eintauchen, verabredet man sich zum nächsten Innovation-Meeting in 14 Tagen. Jeder findet die Zeit, nimmt sich die Muße zur Vorbereitung und jeder ist begeistert.

Hier muss doch irgendetwas faul sein. Die sind nicht normal, denken die Kollegen. Was rauchen diese Typen? Job und Spaß sind doch wie vegetarische Wurst, Sommer in Deutschland oder Politik und Vision. Doch genau davon handelt dieses Buch: von aktiver und nachhaltiger Innovationskultur sowie aktivem und nachhaltigem Innovations-Management – und das Ganze gekoppelt mit Spaß, Lust, Kreativität, Begeisterung, Ergebnissen und Erträgen.

Die gute Nachricht: Weiterdenker haben alles vorprogrammiert, sogar Erfolg und Ideen sind kein Zufall. Als Düsseldorfer erlaube ich mir ein *Beuys*-Zitat: »*Jeder Mensch ist ein Künstler.*« Jeder Mensch ist kreativ und innovativ, wenn man ihn nur lässt. Nur leider lässt man die meisten einfach nicht, weil:

- keine Zeit – alternativ: keine Lust
- kein Sinn – wieso sollten wir uns mit Ideen für die nächsten zwei (fünf oder zehn) Jahre beschäftigen?
- keine gelebte Kreativität – kein Wissen um das eigene kreative Talent.

Das sind meine Top-3 der Killerphrasen, die jeglichen Hauch von Innovation schon im Keim ersticken. Und so werden in der Folge wichtige Trends nicht erkannt, verschlafen oder arrogant ignoriert. Beispiele hierfür gibt es genug. Prominentes Beispiel ist Tesla. Die Reaktionen sind die Klassiker: Erst belächeln, dann bekämpfen, dann ggf. strategische Bündnisse und Kooperation. Ich denke, dass ohne einen externen Störer wie *Elon Reeve Musk* oder neue E-Autobauer aus China, wie der Future Mobility Corporation mit Hauptsitz in Nanjing und mit der Marke Byton oder dem Start-up NIO, niemals diese Dynamik in den Markt gekommen wäre, die jetzt zu spüren ist. Im Endeffekt ist es für alle Branchen gut, dass es immer wieder externe Störer gibt, die eine Kategorie und einen Markt hinterfragen und Regeln brechen. Das ist gut so, für alle, deren Fach die Zukunft ist.

Innovieren darf Spaß machen

In vielen Unternehmen grassiert die blanke Angst:
- die Angst vor Veränderung und Erfolg (Methatesiophobie[4])

---

4   Liste von Phobien: https://de.wikipedia.org/wiki/Liste_von_Phobien

20

- die Angst vor Neuerungen (Neophobie) und
- die Angst vor sozialen Situationen (Kairophobie).

Und es gibt noch Hunderte weitere Arten von Ängsten und ein Vielfaches mehr an Ausreden, sich nicht mit Innovationen zu beschäftigen. Dabei darf und soll Innovieren Spaß machen. Und das ist kein Hexenwerk und keine Magie, vielmehr gilt: Gut, dass du nicht zu dieser Spezies Mensch gehörst.

Innovieren darf Spaß machen! Nein, es soll sogar und muss Spaß machen und dazu kommt (Achtung an die Prozessverliebten). Innovationen zu entwickeln, ist ganz einfach – es ist alles da, es muss nur gesehen und intellektuell und unter Zuhilfenahme der eigenen und fremden Synapsen neu verknüpft und kombiniert werden.

- je unverkrampfter → desto innovativer
- je schlanker, d.h. weniger Prozesse, Politik und Bürokratie → desto schneller
- je offener der Blick *over the edge* → desto kreativer
- je besser das Problemsucher-Gen trainiert ist → desto innovativer
- je kommunikativer → je transparenter

- je mehr nach außen gerichtet → je höher der Open-Innovation-Anteil
- je interdisziplinärer → desto disruptiver
- je mehr Leidenschaft beim Innovieren → desto mehr Flow und Spaß.

Mit der s x m x i x l x e -Formel zur Innovation erhältst du Impulse, die genau in diese Richtung gehen. Eine Roadmap für innovatives Denken und Handeln – doch vorher möchte ich drei kurze Geschichten mit dir teilen. Vielleicht kommt dir das eine oder andere darin bekannt vor?

Storys

Story 1: Meeting in der Lebensmittel-Industrie – Der Dominator

Das Herz bebt, Schweiß bricht aus, die Haare stehen zu Berge, die Halsschlagader pocht. Was sich anfühlt wie bei einem Hitchcock-Remake von »Psycho« sind die Körperreaktionen während eines Innovations-Meetings. Das nominierte Innovations-Team will einfach nur neue Ideen diskutieren. Ideen, basierend auf der intelligenten Verknüpfung neuer Insights. Doch ohne die kleinste Chance, überhaupt die Konsumentenwelt zu erblicken, werden die Ideen noch im Meeting pulverisiert. Warum? Nicht, weil sie vermeintlich zu klein und nischig sind oder weil sie nicht den Kundenbedürfnissen entsprechen. Sondern weil der Insight, der zu der Idee geführt hat, nicht mit dem Denken des Chefs korrespondiert. Der Chef hat das Problem nicht, ergo wird die mitteleuropäische Hausfrau zwischen 29–49 Jahren das Problem auch nicht haben. Dass das Team die Idee liebte, viel Herzblut investiert hatte – natürlich neben dem eigentlichen Tagesgeschäft – blieb ungesehen. Folglich war die Stimmung gereizt und angespannt und fand in den genannten Körperreaktionen ihren Ausdruck.

Story 2: Meeting in der Vitamin-Industrie – Der Resignierte

Was für eine geniale Location! Der Ausblick fantastisch, für jeden Teilnehmer lagen Notizblock mit Hotellogo und ein quietschgrüner Plastikkugelschreiber auf dem Tisch, drei Flaschen Softdrinks, Klebezettel in allen Farben und die leckersten Kekse, die man sich vorstellen kann. Das Thema: eine alltägliche Nahrungsergänzungs-Tablette, die es seit Generationen in derselben Zusammensetzung, im gleichen Packaging und mit fast den gleichen Claims gibt. Mein Job an diesem Tag ist es, einen mentalen Weckruf zu platzieren, ein positives Störfeuer an Insights zu entzünden, Trends und neue Geschäftsmodelle aufzuzeigen. Nach gefühlten 248 Impulsen höre ich einen tiefen Seufzer im Publikum, gefolgt von meinen Top-3-Killerphrasen und dem finalen Rettungsschuss: *»... wissen Sie, Herr Bode, wir haben alle 20 Jahre eine Innovation. Ich bin jetzt im 38. Jahr im Unternehmen und arbeite gerade an meiner zweiten Innovation ...«*

Spontan schalte ich den Beamer aus, die Leinwand wird schwarz. Ich frage in die Runde: *»Wollen wir noch ein paar Kekse bestellen und dabei über die bösen Geschäftsblockierer, wie Politik, den Wettbewerb und die Orga, sinnieren? Oder wollen wir die Resignation über Bord werfen und konstruktiv daran arbeiten, dass der Kollege außerplanmäßig schon deutlich früher als im 38. Jahr seiner Karriere seine zweite Innovation umsetzen kann?«*

Story 3: Meeting in der Strom-Industrie – Die Revoluzzer

Freiraum ist das natürliche Biotop neuer Ideen. Ich fahre auf der A3 von Düsseldorf nach Frankfurt/M. zu einem Kongress und erhalte einen Anruf. Nach kurzem Smalltalk und dem Hinweis, woher er meinen Kontakt hat, kommt mein Gesprächspartner auf den Punkt: »Herr Bode, ich arbeite für einen der größten Stromproduzenten und Lieferanten in Deutschland und meine Kollegen und ich haben ein wenig Budget geparkt. Wir als Team wollen uns beraten lassen, wie man auf neue Ideen kommt, welche Prozesse die besten sind und mit ersten innovativen Konzepten den Vorstand überraschen. Unser Ansatzpunkt ist, dass es Menschen in Deutschland gibt, die ihren eigenen Strom machen. Aber unser Management sieht das nicht.« Hier wollen also tendenziell frustrierte Manager der mittleren Ebene eine Innovations-Guerilla-Truppe starten. Natürlich prallen sie dabei mit ganzer Wucht auf das »Not-invented-here-Monster« auf der Vorstandsebene. Aber zumindest sehen sie die externen Einflüsse, die sich wandelnden Märkte und die Änderungen im Kundenverhalten.

Dominator, Resignierte, Revoluzzer, Erfüllungsgehilfe oder Happy Underperformer – in welchem Umfeld du auch arbeitest, ähnliche Erlebnisse kennst du und wirst du immer wieder erleben. Lass dich davon nicht entmutigen. Wenn wir keine Pseudo- und Alibi-Innovatiönchen wollen, sondern Innovationen, die unsere Gesellschaft und uns, in unserem täglichen (Er-)Leben vorwärtsbringen und sich darüber hinaus monetarisieren lassen, muss sich unser Denken ändern. Denn wir können unsere Probleme und Herausforderungen von heute nicht mit dem Denken und den Strukturen von gestern lösen, sondern nur auf eine andere Art und Weise, als sie entstanden sind, d.h. von einem Bewahrertum zu einem progressiven Mindset.

Die SMILE-Formel für Innovation

Vorab: Einen einheitlichen Standardprozess zur Innovation gibt es nicht und kann es nicht geben. Die Rahmenbedingungen und Herausforderungen sind jeweils viel zu individuell, als dass man ihnen einen standardisierten Einheitsprozess überstülpen, geschweige denn kreativ arbeiten könnte. In diesem Buch geht es auch nicht um

Innovationsprozesse, nicht um drei oder fünf Gates oder sonstige Prozessstufen. Trotzdem gehe ich am Ende des Buches kurz auf meinem persönlichen Best-of-Prozess als Abrundung und auf einen Prozessansatz ein.

Der Inhalt des Buches fokussiert sich auf den Moment vor dem eigentlichen Prozess, auf die Menschen und was es für jede Innovation braucht: eine unternehmerische Kultur, die Innovation und Kreativität erlaubt. Wenn diese fehlt, sollten die Budgets lieber Bedürftigen gespendet werden – das wäre in dem Fall die weit bessere Investition.

Zu jedem Faktor der SMILE-Formel gibt es je drei Unterpunkte, die aus meiner Erfahrung essenziell für eine Innovation sind. Die einzelnen Faktoren wirken wie ein Innovations-Booster. Sie können das Ergebnis und den Ertrag steigern und potenzieren. Fehlt ein Faktor, ist es in meinen Augen eine Multiplikation mit null. Dazu habe ich immer wieder ein Sparring ∞ in Form von kurzen Fragen oder Impulsen eingebaut. Die Kunst ist, die richtigen Fragen zu stellen. Ich stelle viele Fragen in diesem Buch an dich. Vielleicht sind es nicht immer die richtigen, die

gerade jetzt deiner Situation und Herausforderung entsprechen und ich gebe auch nicht auf alle Fragen eine Antwort. Die Fragen sollen dich im Positiven herausfordern. Nimm sie, verändere sie, lasse sie wirken und hin und wieder frage dich bitte selbst: »… warum nicht?«

Da ich dich mit diesem Buch zu einem mentalen Austausch einladen möchte, endet jedes Kapitel mit weiteren Fragen, die du als eine Art Sparring und Reflektion für dich sehen kannst. Spiel mit den Fragen, nimm sie an oder formuliere sie um. Anschließend kannst du in einer Mind-Map die Impulse des Kapitels festhalten, die dir am wichtigsten erscheinen. Betrachte die Mind-Map als Work in progress, denn eine Mind-Map ist eigentlich nie richtig fertig und das ist auch gut so. Jedes Gespräch, jede Inspiration und jeder Gedanke führt dich zu neuen Gedanken. Halte sie gerne in den Mind-Maps fest. Das Buch ist ein Work-in-progress-Buch und es appelliert an deine Eigeninitiative, auch selbst dein Netzwerk zu involvieren oder im Netz zu recherchieren. Wie gesagt, wenn nur ein Impuls dich erreicht und motiviert, etwas Neues auszuprobieren, zahlt sich das Investment für dieses Buches um ein Vielfaches aus.

investieren

- Ich
- Inspiration
- Idee

spielen

- Sinn
- Strategie
- Spaß

ernten

- Entscheidung
- Erfolg
- Extreme

s × m × i × l × e

machen

- Momentum
- Mut
- Mantra

lieben

- Leidenschaft
- Last
- Leichtigkeit

- SMILE-Check-up
- Und jetzt doch noch ein Prozess
- Finale
- Kontakt
- Extra-Impulse
- Danke

$S_{(spielen)}$ x $m_{(machen)}$ x $i_{(investieren)}$ x $l_{(lieben)}$ x $e_{(ernten)}$-Formel

1. Sinn → Warum willst du innovativer sein?
2. Strategie → Wie willst du dies erreichen? Wie sieht dein Weg aus? Geradlinig oder mit Abkürzungen?
3. Spaß → Wie bekommst du mehr Flow in deinen Prozess, damit er dir Spaß macht?
4. Momentum → Gibt es den richtigen Zeitpunkt zu Innovationen? Finde ihn heraus.
5. Mut → Wie und wann startest du mit Innovationen?
6. Mantra → Wie kommunizierst du das Thema Innovation?
7. Ich → Wie motivierst du dich selbst zu Innovationen?
8. Inspiration → Wie inspirierst du dich und andere immer wieder neu zu frischen Ideen?
9. Idee → Was macht eine gute Idee (für dich) aus?
10. Leidenschaft → Wie erreichst du das nächste Level der Begeisterung?

11. Last → Wie siehst du die (unsichtbaren) Barrieren?
12. Leichtigkeit → Wie bekommst du Schwung in deine Abläufe?
11. Entscheidung → Wie und wann entscheidest du dich zur Innovation?
12. Erfolg → Wie definierst du (für dich) Erfolg?
13. Extreme → Wie kommst du in das nächste Level?

Einladung

Ich lade dich ein, das Buch als Begleiter, Sparringspartner und in erster Linie als Gedankensammelbecken für deine individuellen und spontanen Ideen zu nutzen.

Achtung, Einstellung

Bevor wir starten, erlaube mir eine Frage: »Wie fühlst du dich gerade?« Bist du eher müde von einem langen Tag mit unzähligen E-Mails und nicht enden wollenden Meetings? Suchst du zwar grundsätzlich nach frischen Impulsen, würdest den Tag aber eigentlich viel lieber mit einem Glas Wein abschließen? Oder hast du heute wunderbare und positive Erlebnisse gehabt, bist gut drauf und freust dich darauf, dich mit frischen Gedanken zu Innovationen auseinanderzusetzen?

Warum diese Fragen? Weil wir in einem angestrengten oder gar genervten Zustand meist einfach nicht die mentale Offenheit für Impulse Dritter haben. Wenn wir hingegen gut drauf und intrinsisch motiviert sind (mehr in Faktor drei), dann freuen wir uns auf gedankliches Sparring.

> »Unser Geist ist wie ein Fallschirm. Er funktioniert
> nur, wenn er offen ist.«
> Lord Thomas R. Dewar[5]

Und? Ist dein mentaler Fallschirm offen? Dann legen wir los!

Wichtig

Inspirationen, Ideen & Innovationen werden radikal beschleunigt durch Neugierde, Optimismus, Resilienz, Courage, die Stärke, auch vermeintliche Flops als Ergebnis späterer Erfolge zu akzeptieren, dem Wissen und Glauben an die eigene Stärke und der Haltung von Ausprobieren und einfach Machen.

---

5   Englischer Politiker, 1864–1930.

Zur Innovation gehört auch Muße.
Nimm dir die Zeit. Nimm dir deine Zeit.

Faktor eins: SPIELEN – Wie erreichen wir Innovation praktisch spielerisch?

s1 Sinn

Die Frage nach dem Sinn ist immer der Ausgangspunkt. Welches Ziel, welchen Zweck hat Innovation? Warum brauchen wir sie? Drehen wir die Frage einmal um: Wie sähe eine Welt ohne Innovationen aus? Eine Welt ohne Innovationen wäre eine Welt des kompletten Stillstands. Stillstand ist der Tod, besang schon Herbert Grönemeyer.

Das heißt, ohne Innovationen fühlt es sich an, wie lebendig begraben. Eine Welt ohne Wachstum und ohne Wohlstand. Innovationen sind demnach ökonomische Must-haves und die treibende Kraft für Wirtschaft und letztlich Wohlstand. Wohlstand für Erfinder und Unternehmer, Aktionäre und natürlich für die Mitarbeiter und deren Familien.

Wohlstand im Sinne von besseren Lösungen und besseren Produkte für die Kunden. Lösungen, die im Idealfall das Leben der Menschen einfacher und besser machen. Innovationen bringen uns und der Gesellschaft Wettbewerbsfähigkeit, Einzigartigkeit, Fortschritt und letztendlich auch einen besseren Lebensstandard. Innovationen haben unsere Effektivität und Produktivität weit über die Möglichkeiten früherer Generationen hinaus erhöht und unsere Lebensweise, unsere Lebensqualität und vor allem Lebensdauer gesteigert und alle Aspekte unseres Lebens massiv verändert. Der Sinn von Innovation ist also grundlegend. Nicht nur unter ökonomischen Aspekten, nicht nur für Unternehmen, sondern für unser aller Leben und unsere Lebensqualität und Zukunft.

Was ist da draußen eigentlich los?

Gefühlt dreht sich die Erde nicht einmal innerhalb von 24 Stunden, sondern mindestens zweimal. Die Schnelligkeit von Veränderungen stellt Unternehmen vor gänzlich neue Herausforderungen: Urbanisierung, Digitalisierung, politische Unberechenbarkeiten, Natur und Nachhaltig oder sich komplett ändernde Konsumentenverhalten. Gleichzeitig ergeben sich fantastische Chancen und Optionen für Intra- und Entrepreneure. Game Changer und innovative Denker können das Beste aus diesen Chancen machen. Denn sie sehen die neuen und sich verändernden Kundenbedürfnisse und die sich damit verändernden Erwartungen. Praktisch aus dem Nichts tauchen neue Wettbewerber im Markt auf. Es herrscht ein Entrepreneurial Darwinismus, in dem der Schnelle den Langsamen rauskickt, nicht der Große den Kleinen. Unbedarfte, freche

und mutige Start-ups, weit weg von klassischen Strukturen und vom Hierarchiedenken, rocken die Märkte und knacken Paradigmen und altes Denken. Diese Welt der Veränderungen mit all den neuen Technologien eröffnet unendliche Kombinationen von Chancen.

Ohne Innovationen werden Unternehmen mittel- bis langfristig schlichtweg vom Markt verschwinden. Tod durch Stillstand nennt man das. Nehmen wir alleine die extreme Verkürzung der Lebensdauer der im S&P 500 gelisteten Unternehmen: Waren es 1920 noch durchschnittlich circa 67 Jahre, die ein Unternehmen gelistet war, sind es heute nur noch ca. 15 Jahre.[6] Mehr[7] als 40% aller Unternehmen, die im Jahr 2000 an der Spitze der Fortune 500 standen, existieren im Jahr 2010 nicht mehr. Die Ablösung alter Unternehmen durch neue, schnell wachsende Start-ups nimmt kontinuierlich zu – parallel zu den Ausflügen in das Silicon Valley, Tel Aviv oder Silicon Savannah in Nairobi von Old Eco-

---

6 https://www.cnbc.com/2014/06/04/15-years-to-extinction-sp-500-companies.html

7 Solis, Brian (2013): What's the Future of Business? Changing the Way Businesses Create Experiences, Hoboken/New Jersey.

nomies. Schade, wenn es bei manchen Unternehmen bei Alibi- und Wir-machen-ja-was-Touren bleibt. Zukunftsoptimistisch, wenn diese Art Inspirationen achtsam hinterfragt und in einem konstruktiven Maß transferiert werden.

Unternehmen aller Art – von Start-ups bis Corporate, von Mittelstand bis DAX-Unternehmen – beschäftigen sich mit Ideen und im Idealfall auch mit ihren nachhaltigen Innovationsprozessen und proaktiven Innovations-Pipelines. Schockiert bin ich immer wieder, wie viele Unternehmen sich dennoch kein vorausschauendes Innovations- und Foresight Management leisten. Bei einem Interview mit der WirtschaftsWoche kommentierte ein Redakteur meine Aktivitäten wie folgt: »Ja, Herr Bode, was Sie da machen, ist ja ein Luxus-Job, das können sich ja nicht alle Unternehmen leisten.« So sehr ich die WirtschaftsWoche als Abonnent auch schätze, aber damit lag der Redakteur eindeutig falsch. Trends jeder Art zu scannen und sich aktiv mit ihnen auseinanderzusetzen, sie als Inspiration zur Innovation zu verwerten, ist kein Luxus-Job, sondern ein Must-have-Job. Mehr noch: War Innovation schon immer ein wesentliches Thema für den Erfolg von Unternehmen, so hat es in den letzten Jahren noch mehr

an Bedeutung gewonnen und steht heute auf der Agenda jeder Führungskraft. In der Vergangenheit wurden oft im Rahmen von Aktionismus und Wir-machen-ja-was-Beruhigungs-Workshops in mehr oder weniger inspirierenden Locations unfokussierte Brainstormings abgehalten und lustige, bunte Klebepunkte als Ideen-Voting verteilt. Das Ganze kombiniert mit der 48-teiligen Luxus-Kekssammlung und dem guten Gefühl: »Wir wollten ja, aber ...« oder »Immerhin haben wir etwas getan.«

Oft ist in einigen Unternehmen eher das Gegenteil der Fall, indem – wie die berühmte Sau – Alibi-Innovation agil durch die (Unternehmens-)Dörfer und Büroflure getrieben wird und eine Schneise von Buzzwords, wie Disruption, Digitalisierung oder Transformation, hinterlässt.

Die Relevanz von Innovation wird von Unternehmen als Regelbrecher und Game Changer gezeigt und anhand von Beispielen, die wir alle kennen: Amazon oder Airbnb.[8]

---

8   Diese Regelbrecher stehen exemplarisch für viele andere, auch kleinere, mutige Unternehmen weltweit.

Alleine die beiden haben Ex-Marktführern deutlich gemacht, dass Innovationstreiber, wie die Digitalisierung, neue Services und Ausrichtung auf (neue) Kundenbedürfnisse, bei alten Geschäftsmodellen den Stecker ziehen und als Happy Underperformer untergehen.

Nie war es essenzieller und überlebenswichtiger für Unternehmen, ihre bestehenden Geschäftsmodelle nicht nur zu optimieren, sondern auch gezielt und permanent zu hinterfragen, um durch radikale Innovationen den eigenen Unternehmenswert nachhaltig zu steigern und auch noch morgen und übermorgen am Markt zu existieren. Und nie war die dafür zur Verfügung stehende Zeit so kurz wie heute.

Wildcards

In der Trend- und Szenario-Forschung beschreibt der Begriff Wildcards unwahrscheinliche, praktisch undenkbare und nicht zu erwartende Ereignisse, die aber, wenn sie denn eintreten, einen gewaltigen Einfluss und immense Auswirkungen haben. Schauen wir zurück: So sind beispielsweise die Ölkrise 1973, der Terroranschlag 09/11 oder die Nuklearkatastrophe in Fukushima einschneidende und negative Beispiele für Wildcards.

Wildcards lassen sich jedoch auch proaktiv und positiv nutzen, z.B. als provokante Kreativitätstechnik. Mit der hypothetischen Frage »Was wäre wenn?« lassen sich provokante Ideen für das eigene Geschäftsmodell generieren. Dabei gilt es zu berücksichtigen, dass Wildcards nicht nur extern auftreten können, sondern auch intern oder in einer Schnittmenge aus in- und externer Perspektive.

Sparring ∞

- Was sind Wildcards in deinem Bereich, für deine Kunden und deine Märkte?
- Welche in- und externen Faktoren könnten dein Geschäft zerstören?
- Was wäre für dich heute völlig undenkbar, aber übermorgen möglich?
- Was machst du heute, um auf morgen vorbereitet zu sein?

Erforderlich sind mutige (Gedanken-)Sprünge in neue Business-Modelle oder disruptive Innovationen, die gänzlich neue Märkte schaffen oder bestehende radikal verändern. Und dies ist genau der Grund dafür, dass das Thema Corporate Entrepreneurship an Bedeutung gewonnen hat. Die zentrale Frage lautet: Wie können etablierte Unternehmen wieder mehr Start-up-Mindset als (Über-)Lebenseinstellung annehmen? Pragmatisch, schnell, agil, regelbrechend und ohne oder mit maximal schlanken Hierarchien.

Die allererste Übung, bevor du dich mit irgendwelchen Prozessen beschäftigst, externe Berater mit Ladungen an Templates involvierst oder in Aktionismus verfällst, ist die gedankliche und auch gerne spielerische Auseinandersetzung mit deinem Team zum Sinn von Innovationen für deinen Bereich, dein Unternehmen, deine Stakeholder.

Was ist dein Sinn für Innovationen? Was ist dein Warum für Innovationen? Und der wichtigste Treiber dazu, inwie extern, welche Emotionen und Gefühle willst du generieren und auslösen – bei deinen Kunden, bei deinen

Noch-nicht-Kunden und auch bei deinem Team und final, bei dir selbst?

Wir werden geformt und gestaltet durch das, was wir lieben.
Johann Wolfgang von Goethe

Innovation-Sparring: Sinn

- Was ist für dich (und dein Team/Umfeld/Unternehmen) der Sinn neuer Ideen und Innovation?
- Was ist dein indidividuelles »Warum« und welche Emotion treibt dich?
- Welche Wirkung erzielst du damit? Wirst du gehört?
- Was ist deine intrinsische und tiefe Motivation, dich mit Innovation zu beschäftigen? Stichwort: neue Chancen und Optionen, überlebenswichtig, Vision 2024+ ...

Deine Mind-Map: Sinn

Sinn

Dein Spielfeld, für deine Gedanken,
deine Ideen und erste konkrete Actions

s2 Strategie

Ohne Strategie kein Ziel oder ohne Ziel keine Strategie? Welche Bausteine gehören im Kontext Innovation zur eigenen und zukunftssichernden Strategie? Gibt es andere, neue Wege? Wie sieht dein individueller Weg aus? Geradlinig oder mit Abkürzungen?

Gemäß der klassischen Definition von Strategie sind damit lang- oder mittelfristig geplante Verhaltensweisen zur Erreichung von definierten Unternehmenszielen gemeint. Der kritische Punkt dabei ist die Annahme von Planbarkeit. Planbarkeit ist die Theorie. Die Praxis zeigt uns tagtäglich, wie Mikroexplosionen oder eintretende Wildcards die vermeintlich sichere Planbarkeit disruptieren. Ich habe Unternehmen erlebt, die sich an Planbarkeit, Ablaufplänen und dem Ausfüllen von Templates regelrecht ergötzen. Planbarkeit suggeriert Sicherheit, aber sie macht auch müde, träge und verleitet zu einem vermeintlich sicheren Vollkasko-Denken.

Was ist effektiver: die Strategie der kleinen Innovation oder die der mutigen Disruptionen? Für eine große Firma kann das Muster der Disruption verwendet werden, um daraus eine Überlebensstrategie zu entwickeln. Für eine kleine Firma hingegen ist es eine Option für einen proaktiven Angriff.

Wie sehen unsere Zukünfte aus?

Wie sehen unsere Zukünfte aus (und hier benutzte ich bewusst den Plural)? Von welchen Faktoren werden die Zukünfte beeinflusst? Zum einen sind dies die Einflussfaktoren, die innerhalb der eigenen vier unternehmerischen Wände für Spannung im Positiven wie Negativen sorgen. Zum anderen sind es externe Faktoren, auf die du selbst als Unternehmer keinen Einfluss hast, die aber dein Geschäft massiv durchrütteln können, positiv wie negativ. Externe Faktoren können unser Denken noch stärker provozieren als interne. Als Beispiele nenne ich hier noch einmal Fukushima und die Energiewende. Wenn man als Energieproduzent 2011 noch auf Atomstrom gesetzt hat, war die schnelle Reaktion der Bundeskanzlerin auf die Nuklearkatastrophe im März 2011 in Japan wie eine Wildcard. Praktisch über Nacht wurde das Business-Modell der

Atomzunft zerstört. Wer damals mit Lösungen, wie alternativen Energien und neuen Angeboten, vorbereitet war, ist heute der Gewinner im Megawatt-Business. Stichwort: *Anticipate and Lead*.

Je genauer wir planen, desto härter trifft uns der Zufall. Wie werden wir also wendiger? Lass uns einige erfolgreiche Ansätze näher betrachten.

Strategie der radikalen Kundenfokussierung: Für maximale Beweglichkeit gelten maximale Kundenorientierung und Innovationsstärke als strategische Voraussetzung. Ein Must-have dabei ist Nachhaltigkeit. Glaubwürdige Nachhaltigkeit, intern gelebte und extern erlebte Nachhaltigkeit. Leider gibt es doch immer noch zu viele Unternehmen, die intern nicht das (ein-)halten, was sie externen Stakeholdern und der Fachpresse versprechen. Die Internen sind – dezent gesagt – verwirrt und die Externen werden dadurch an der Nase herumgeführt, um es vorsichtig zu formulieren. Das kommt als High-Speed-Bumerang natürlich zurück. Gewinner sind heute Unternehmen mit gelebter Transparenz in der kompletten Value-Chain. Unternehmen, die neben den klassischen vier P (*Product,*

Price, Place, Promotion) drei weitere P glaubwürdig etablieren: People, Purpose und Planet.

Können Unternehmen langfristig überleben, die in ihren Unternehmenswerten *People* preisen und in Wirklichkeit ihre Mitarbeiter physisch und psychisch aussaugen? Immer wieder werden Unternehmen clean verschlankt, bis sie so schlank sind, dass sie zu einem unternehmerischen Bulimie-Fall werden. Das spricht sich herum, das rächt sich. Die Generation, die aktuell in das Management einrückt, macht so etwas nicht mit. Diese Art zu führen, passt nicht in deren Wertekanon. Sie kündigen konsequent, und das sogar, ohne einen neuen Job zu haben. Ähnliches gilt für den Faktor *Planet*. Weder Mitarbeiter noch Kunden verzeihen heute Umweltsünden. Transparenz und Sustainability gehören inzwischen für jedes Unternehmen zum State of the Art und Must-have. Also Nachhaltigkeit, so inflationär der Begriff zum Teil auch ist, ist für Unternehmen stets noch der letzte und wichtige Punkt.

Strategie der agilen Vernetzung: Die Zeiten, wo (Kunden-, Technologie-, Trend-)Insights weggeschlossen wurden, um sie vor Dritten zu verstecken, sind endlich vorbei.

37

Es lebe die mentale Revolution, es lebe die Sharing Economy und dies sowohl nach innen als auch nach außen gerichtet. Jetzt sind Soft-Skills gefragt, wie

- entdecken,
- radikal denken und
- vernetzen.

Ein wesentlicher Baustein für Unternehmen ist, sich nach innen und außen zu vernetzen und dadurch kontinuierlich relevante Insights und Informationen zu sammeln, zu erfassen und schnell zu verarbeiten. Dafür braucht es pragmatische Tools, die für alle offen und zugänglich sind. Und dafür braucht es flache und barrierefreie Strukturen, damit (unternehmenskritische) Chancen und Risiken schnell und direkt zu den Entscheidern kommen. Aufgeblähte Hierarchien mit vordefinierten Absicherungsrunden werden abgelöst durch agile, mutige und schlanke Strukturen.

Sparring ∞

Immer wieder höre ich Statements wie »*Ich habe keine Zeit, meinen Kunden zu besuchen und zu beobachten*« oder »*Ich habe keine Zeit, um nach Trends zu suchen oder Ideen zu entwickeln.*« Ich frage dann immer gerne zurück: »Haben Sie Zeit,

zu atmen?« Kundenzentrierte Innovationen sind die Luft zum Atmen für heutige Unternehmen.

Eine fantastische Investition in die Zukunft ist die Übung »Kill a Stupid Rule«:
Ziehe dich mit deinem Team zurück und gehe exemplarisch eine typische Arbeitswoche oder einen typischen Produktentwicklungsprozess durch und hinterfrage k-o-n-s-e-q-u-e-n-t alles: Prozesse, Meetings, Go-Freigaben.

- Warum machen wir es so, wie wir es machen?
- Warum dauern Meetings immer eine oder zwei Stunde(n)?
- Warum finden sie im Sitzen statt?
- Warum brauchen wir fünf Go-Freigabestufen, reichen nicht auch zwei?
- Wie gestalten sich unsere internen Abläufe?
- Was sind die internen Denkbarrieren und Paradigmen?
- Warum innovieren wir von innen nach außen und nicht aus einer konsequenten Kundenperspektive?
- Warum machen wir Meetings ohne Agenda?
- Warum gibt es keine konkreten To-dos und Verantwortlichkeiten?
- Warum machen wir nicht einmal Meetings ohne Handys? Warum gibt es keine interne »Blind-Date-Option«, um durch gesteuerte Lunch-Termine einmal andere Kollegen im Unternehmen kennenzulernen. Wen lerne ich heute

»zufällig« kennen, welche Rolle hat diese Person und wie kann sie mich ggf. weiterbringen in meinen Innovationsaktivitäten? Ein ganz banales, aber effektives Tool, um sein Netzwerk zu erweitern. Hier gibt es übrigens App-Lösungen, unter anderem Lunchzeit Business Network, LetsLunch und andere.

Bei »Kill a Stupid Rule« geht es nicht um Finger-Pointing im Sinne von vermeintliche Fehler anderer petzen. Nein, die Voraussetzung für diese Übung ist natürlich eine offene Kommunikations- und Fehlerkultur. Es sollte möglich sein, Dinge wertschätzend-kritisch infrage zu stellen. Innovatoren sind undankbar. Undankbar nicht im Sinne von meckern – meckern ist immer einfach –, sondern undankbar im Sinne, das Bisherige infrage zu stellen. Also stelle k-o-n-s-t-r-u-k-t-i-v alles infrage und streiche mutig und radikal nach obigen Kriterien. Am Ende dieser Übung wird das Team nicht nur das Gefühl haben, aktiv (mit-)gestalten zu können, sondern es werden sich wunderbare neue Freiräume eröffnen. Freiräume, die du nutzen kannst, um konsumenten- und zukunftsorientiert zu innovieren. Also, was streichst du direkt und wie schaffst du dir Freiräume für Kundenbesuche, Trendwalks[9]

9   Siehe Beispiel in Kapitel Embrace The Future.

und einen kreativen Austausch zur Vernetzung von Insights? Übrigens, je nach Philosophie im Unternehmen macht es Sinn, diese Übung aus politischen Gründen von einer externen und neutralen Person moderieren zu lassen.

Strategie des permanenten Lernens: Um eine Kultur des kontinuierlichen Lernens und einen ständigen Zustand des Staunens zu etablieren, ist ein offenes und pragmatisches Mindset essenziell. Damit dieses Mindset auch atmen kann, bedarf es Ressourcen in Menschen, Zeit und Etats. Ressourcen in Menschen bedeutet, dass sich alle für Innovationen verpflichten und verantwortlich fühlen, ihr individuelles und kreatives Genie einbringen. In Zeit heißt, sich zu fokussieren, Zeiträuber konsequent zu eliminieren und eigenverantwortlich ein definiertes Zeitbudget zum kreativen Innovieren zu nutzen. In Etats bedeutet, selbstverantwortlich, z.B. in ein fiktives Start-up-Budget (alternativ: ThinkTank-, Hub-, Lab-, Spiel- oder wie du es auch immer nennen möchtest) anzulegen als Investment in neue Quellen und frische Insights, intellektuelle Verknüpfung in neue Ideen und erste Prototypen.

Wie lernen wir, wieder zu staunen wie Kinder?

Strategie und vertrauensvolle Führung: Wertschätzen, Verstehen, Vertrauen und Verantwortung geben. Innovation gedeiht in einer Kultur des Ausprobierens, der Offenheit und – einfach – des Machens. Auch hier gilt, was extern kommuniziert wird, muss auch intern (vor-) gelebt werden. Wie kann es aber gelingen, eine positive und bewegliche Führungskultur vorzuleben? Eine Option auf diese Frage liefert das Modell der ambidextren, übersetzt beidhändigen Führung[10]. Hierbei geht es um die koordinierte und effiziente Bewältigung komplexer Aufgabenstellungen zur Neuanpassung und Ausrichtung, respektive nachhaltigen Zukunftssicherung. Im Rahmen der ambidextren Führung werden vermeintlich unvereinbare Führungsstile zusammengeführt und parallel ausgeübt. Gerne wird hier auch das Bild des Januskopfes mit einem Doppelgesicht, vorwärts und rückwärts blickend, bemüht. Der Begriff der ambidextren Führung wird in verschiedenen Versionen angewandt, wie z. B. in »Lead and Disrupt« der Autoren *O'Reilly & Tushmann*, wobei die Fähigkeit ei-

ner Organisation oder eines Unternehmens beschrieben wird, die gleichzeitig forscht (im Sinne von Exploration) und optimiert (im Sinne von Exploitation). Eine alternative Version ist die Kombination aus direktivem, effizienzorientiertem Stil, welcher freiraum- und zeitbegrenzend wirkt, das vorhandene Wissen nutzt und eine Homogenisierung des Teams und deren Ziele anstrebt. Zum anderen steht der delegative und qualitätsorientierte Stil, der freiraum- und zeitgewährend wirkt, externes und neues Wissens bestärkt und eine Heterogenisierung von Teams anstrebt – managen im Paradoxon oder Spagat zwischen Effizienz und Experiment.

Zu einer Strategie der Innovation gehört auch die Inspiration. Inspirierend ist eine Führungskraft dann, wenn sie ihren Mitarbeitern nicht alles vorgibt und sogar vorkaut, ihren Stempel aufdrückt oder wie ein Mikro-Manager alles entscheidet und jeden kontrolliert. Inspirationsfördernd ist weiterhin Vertrauen, Ermutigung, Entscheidungsfreiheit und ein eigener Spielraum, in dem jeder seine Stärken ausspielen kann – vertrauensvoll und selbstständig.

---

10 Bitte die ambidextre Führungsphilosophie nicht verwechseln mit der schizophrenen, wo »A« gesagt wird und ✦⛎☹🗂📫 gemacht wird.

Strategie und klare Definitionen: Wenn du an einen Tisch denkst, was hast du vor Augen? Einen Campingtisch an der Adria? Einen runden Holztisch vor deinem Kamin? Ich sehe z.B. einen 1,5 x 5,0 Meter langen geweißten Holztisch in einem großen Wohn- und Essbereich vor mir. Diese Anschauung bedeutet, wir haben alle höchst unterschiedliche Vorstellungen und Definitionen von ein und demselben Begriff. Wenn du zehn Leute fragst, was jeder Einzelne unter Innovation versteht, wirst du mindestens elf Antworten bekommen. Ich habe in diversen Unternehmen Verantwortlichen in Corporate Communications, Marketing oder Forschung immer dieselbe Frage gestellt – und jedes Mal stammelte mein Gegenüber, suchte nach Worten und gab mir mehr oder weniger zusammenhanglose Definitionen. Dabei ist es so simpel wie essenziell wichtig, dass alle die gleiche Vorstellung und Definition von Innovation haben. Wie sieht deine Definition aus?

Beispiel

Wenn du Hersteller von Schokoladentafeln wärst, was wäre deine Innovation? Die 100-Gramm-Tafel in einer neuen Form? Eine neue Geschmacksrichtung? Eine neue Easy-open-Verpackung? Eine transparente Verpackung, damit ich die hochqualitativen Inhaltsoffe, wie Walnüsse oder Gewürze, sehe? Ein neuer Vertriebsweg? Oder darf das Paradigma der 100-Gramm-Tafel gar gebrochen werden?

Sparring ∞

- Definiere die konkreten Suchfelder, auf denen kreativ gearbeitet werden kann. Wichtig ist, dass man sich dabei im ersten Schritt nicht zu sehr limitiert. Was sind »Muss-Felder« und was sind »Kann-Felder«?
- Definiere den Begriff Innovation. Es darf schon etwas mehr sein als nur »eine Neuerung«.
- Definiere zwei extreme Spielfelder: Was sind nachhaltige Innovationen, Line Extensions? Und was sind disruptive Innovationen oder Game Changer?
- Definiere, im Sinne von *guided creativity*, konkrete Suchfelder, in denen Ideen gesucht werden, z.B. bestimmte neue Technologien, Zielgruppen oder Trends: Bionik, Millennials, Circular Economy.
- Definiere deine Innovationszeitrahmen: sechs bis zwölf Monate, ein bis zwei Jahr(e), 2024+?

Und vor allem, kommuniziere die Definitionen über alle Kanäle. In Mitarbeiter- und Zielgesprächen, off- wie online, über das News-Portal und in alle erdenklichen Kommunikationsquellen hinein. Ich kenne ein Unternehmen, das seine

Definitionen und Innovationssuchfelder auf die Papierhandtücher in den Toiletten gedruckt hat. By the way: Appelliere an die Eigenverantwortung und rufe deine Mitarbeiter auf, mit ihrer Kreativität und ihren Ideen zum Erfolg des Unternehmens beizutragen. Zum Beispiel durch interne kreative und ungewöhnliche Ideenkampagnen jenseits eingefahrener und angestaubter Vorschlagswesen – auf internen Social-Media-Plattformen oder über andere Tools.

Strategie und klare Verantwortlichkeiten: Wie bei den Begrifflichkeiten, stellt man auch bei den Verantwortlichkeiten fest, dass diese oft nicht eindeutig definiert sind. Wer macht was bis wann und wer ist für was verantwortlich? Das führt dazu, dass Parallelwelten gepflegt werden und nebeneinander innoviert wird. Vor allen Dingen findet kaum oder kein Austausch untereinander statt. Also:

- Wer ist konkret für was verantwortlich?
- Wo werden Ideen und in welchem Status (Idee, Rapid Prototype, Konzept) übergeben?
- Wann, wo und wie?

Innovation ist Führungsaufgabe! Final ist das Top-Management, der Vorstand, in der Pflicht und Verantwor-

tung. Da gilt der Sinnspruch mit dem Fisch, der vom Kopf her stinkt. Der Vorstand (oder Inhaber, CEO etc.) muss den »*Sense of Urgency*« spüren und die Initialzündung auslösen, den Startknopf drücken und als Vorbild vorangehen.

Beispiel

In meiner Zeit als Abteilungsleiter Consumer Insights haben wir unter anderem eingeführt, Kunden in ihren eigenen vier Wänden zu besuchen und zu beobachten. Nicht nur in Deutschland, auch in sogenannten Low-Income-Haushalten in Kairo, Kiew oder Chennai in Indien. All diese Live-Geschichten, Rituale, die Live-Gerüche und -Geräusche zu erleben, ist etwas anderes, anstatt als Manager einen 82-seitigen PowerPoint-Report im warmen Büro im Headquarter zu lesen. Als wir im Zuge der Aktion unseren CEO ansprachen, ob er mit uns die Haushalte besucht, kam ein spontanes »*Natürlich!*« zurück und genauso spontan waren wir mit ihm auch schon unterwegs, haben alles visuell festgehalten, aufbereitet und intern über alle Kommunikationskanäle verbreitet. Die Message zwischen den Zeilen: Wenn der CEO Zeit hat, mit Hausfrauen und -männern zu sprechen, dann sollten doch auch alle anderen die Zeit finden. Von da an war das Thema – im Positiven – durch. Verantwortlich für Innovationen sind der Vorstand und sein Team, und genau hier muss es auch vorgelebt werden. Genauso sollte auch hier das vorab beschriebene Thema der Ressourcen geklärt werden: People, Budget und die Zeit, sich (permanent) mit Ideen und Innovation zu beschäftigen. Und bei dir? Wer ist für was verantwortlich?

Strategie und emotionale Vision: Die Vision ist ein wichtiges Element, um ein Unternehmen wettbewerbsfähig zu halten. Voraussetzung ist, dass diese sich an der Zukunftsentwicklung orientiert und systematisch im Unternehmensalltag gelebt wird – im Rahmen einer gemeinsamen »Klammer« für die notwendige Eigen- und Selbstständigkeit der jeweiligen Verantwortlichen. Die Unternehmensvision ist die Beschreibung eines zukünftigen gewünschten, erstrebenswerten Zustandes bzw. der zukünftigen Entwicklung eines Unternehmens. Im Idealfall übt sie einen positiven Sog auf die Menschen im Unternehmen (und teils außerhalb) aus. Eine Unternehmensvision ist zugleich Kompass, Leuchtturm und motivierende Antriebsquelle. Um die Frage »Wohin und wie wollen wir uns entwickeln?«, kommt kein Unternehmen angesichts der ständigen Veränderungen in den Märkten herum. Die Unternehmensvision ist zugleich die zentrale

Voraussetzung für Delegation, Eigeninitiative und Übernahme von Verantwortung. Glaubwürdige Visionen fundamentieren auf den existierenden Stärken und Werten des Unternehmens. Gerne wird eines davon vergessen. Dabei geht es um Transparenz und nachhaltige Glaubwürdigkeit. Mit einer Hochglanzbroschüre, deren Text von der PR-Abteilung stammt, ist allein keinem gedient. Es kommt dabei weniger auf druckreife Formulierung als auf den so entstehenden Dialog der Führungskräfte und Mitarbeiter über die Unternehmensvision an. Diese Einbeziehung ist zu organisieren. Der Text sollte zur Unternehmenskultur und den sonstigen Realitäten passen, sonst wirkt er eher lächerlich und wird nicht ernst genommen. Jedes Unternehmen muss aufgrund seiner Gegebenheiten und seiner Größe seinen eigenen Weg finden. Es gibt kaum etwas Schwierigeres als die Formulierung eines sinnstiftenden Statements für die Unternehmensvision, die auf dem Punkt und verständlich ist und dazu Menschen emotional anspricht. In meinen Augen schlägt Emotionalität Rationalität. Emotionen sind Handlungs-Booster. Lebe deine Vision im Alltag.

Während es bei der Erarbeitung und Formulierung um den Einbezug der Mitarbeiter geht, sind in der nächsten Phase folgende zwei Punkte wichtig:

- Die Vision an alle Mitarbeiter kommunizieren und dies über alle verfügbaren Kanäle.
- Beispiele geben, Vorbild sein und die Vision (vor-)leben.

Passen das eigene Handeln und die Entscheidungen mit der Vision und mit den daraus abgeleiteten Unternehmenswerten zusammen? Firmen, die Transparenz leben, schulen ihre Mitarbeiter ständig in der Umsetzung der Unternehmenswerte und dies besonders bei Neueinstellungen mit konkreten Beispielen, wie Vision und Werte gelebt werden können.

Und? Welche Beispiele sprechen dich emotional an?

Beispiel

- »Wir erhöhen in fünf Jahren unseren Marktanteil um 10 %.«
- »Wir wachsen schneller als der Wettbewerber.«

Oder diese, von Wikipedia?[11]

- *Imagine a world in which every single person is given free access to the sum of all human knowledge«*

Alternativ von Amazon:

- »Be the Earth's Most Customer-Centric Company«[12]

Checkliste für die Entwicklung einer Unternehmensvision

- **Sofort greifbar und für alle leicht verständlich** – in- wie extern.
- **Einfach zu kommunizieren** – d.h. für alle, auch ohne Spickzettel, sofort wiederholbar sein.
- **Attraktiv und »sexy«** – für Mitarbeiter, Führungskräfte, Aktionäre, Kunden, Lieferanten. Die Vision ist ein positiver Zustand in der Zukunft.
- **Motivierend** – unterstützt die intrinsische Motivation, um für die Erreichung die nötige Kraft und Energie aufzubringen.
- **Gemeinsam entwickelt** – Eine Vision wurde nicht nur von einer Person oder externen Agentur entwickelt. Bitte die Mitarbeiter einbinden und das Not-Invented-here-Syndrom vermeiden.

---

11 https://de.wikiquote.org/wiki/Jimmy_Wales
12 https://www.amazon.jobs/working/working-amazon

- **In »einigen« Jahren zu erreichen** – Zwei Jahre ist zu kurzfristig, 20 Jahre zu weit weg. Eine Vision sollte in fünf bis zehn Jahren erreichbar sein.
- **Glaubwürdig** – Eine Vision steht im nachhaltigen Einklang mit den Aussagen und Taten des Managements und gibt positive Inspiration.
- **Realistisch** – Eine Vision ist ambitioniert, herausfordernd formuliert und prinzipiell erreichbar.
- **Emotional** – Weg von kalten und rationalen Visionen, die kein Herz erobern und hin zu einer positiv überraschenden, auf Stärken basierenden Vision, die eine nachhaltige »Auf-gehts-Stimmung« hervorruft. Unser Hirn ist eine Bildverarbeitungsmaschine, d.h., eine Vision sollte Bilder in den Emotionszentren der Mitarbeiter und Stakeholder erzeugen.

Strategie und Mission-Statement: Während die Vision das langfristige Ziel als realistisches Idealbild beschreibt, wird im Mission-Statement dargestellt, welchen Beitrag das Unternehmen leistet und welchen Daseinszweck und Auftrag es hat. Das Mission-Statement sagt aus, warum es das Unternehmen gibt und hat damit eine Orientierungsfunktion nach außen und innen. Was ist dein Beitrag im operativen Tagesgeschäft?

- Starbucks → *Inspire and nurture the human spirit – one person, one cup and one neighborhood at a time.*
- Vapiano → *All we do, we do with love to refresh your life.*
- Walmart → *Give more people access to a better life, one individual, family, and community at a time.*
- Amazon → *Have the Earth's Biggest Selection*

Vision.
Innovation.
Verantwortung.
Mut zur Haltung und Vision.

Was ist dein (Unternehmens-) Beitrag für eine bessere Welt?

Was ist deine Mission?

Strategie des Teilens:
Beispiel Inspirationen:

Aus dem Insight und Trend Scouting ist eine veritable Business-Strategie geworden. Inspirierendes Material wird mit einem externen Scouting-Netzwerk gescannt, aufbereitet und in erste Ideenfragmente übersetzt, um es dann in Form von Poster-Galerien in Inspirationsecken, wie der Kaffeeküche, über Social-Media-Plattformen oder in abteilungsübergreifenden Meetings sichtbar zu teilen. In diesen Meetings gibt es keine Frontalbeschallung, sondern alle sind eingeladen, daraus ein interaktives Event zu machen. Es gibt Inspirationen aus parallelen Märkten und diese werden aufgenommen und weiterverarbeitet. Es wird (gerne) gesponnen und gelacht. Es werden Ideen entwickelt und daraus auch eine konkrete To-do-Liste definiert. Nach einem dieser Meetings kam eine neue Kollegin zu mir, die von einem globalen Nahrungsmittelkonzern zu uns gewechselt war und sagte: »Wow, das war super und ich bin völlig überrascht, dass ihr euch mit Trends und Inspirationen aus fremden Märkten beschäftigt. Dass ihr euch sogar Zeit nehmt, das aufzubereiten, Muster zu besorgen und zu teilen – das gab es bei meinem alten Arbeitgeber nicht – weder Inspirationsrunden, geschweige denn, dass es geteilt wurde. Klasse, und danke dafür und ich freue mich schon auf die nächste Runde.« Es hat mich ermutigt und auch einmal

mehr in meiner Meinung bestätigt, dass Innovation eigentlich »einfach« ist – wenn eine offene Innovationskultur gegenseitiger Wertschätzung und mentaler Befruchtung herrscht.

Selbstbefriedung

Inspirationen oder Ideen alleine für sich zu behalten, ist wie Selbstbefriedung – das macht einen Augenblick Spaß, bringt aber weder meinem Partner etwas noch ist es nachhaltig. Entschuldigung für diesen Vergleich, aber ich bin mir sicher, dass du jetzt direkt ein Bild vor Augen hast – einen mentalen Anker. Damit hat der Vergleich seinen Zweck erfüllt. Inspirationen und Ideen nur für sich zu behalten, bringt keinem etwas, am wenigsten dir selbst.

Strategie des Machens:
Machen statt reden! Punkt.

Visionen sind geflügelte Pläne.

Prof. Dr. Hans-Jürgen Quadbeck-Seeger

Innovation-Sparring: Strategie

- Wie definierst du Innovationen?
- Wer ist bei dir für welchen (Ideen-)Entwicklungsschritt verantwortlich?
- Bist du als Vorgesetzter Vormund, eingezwängt im Korsett des Sicherheitsdenken, oder investierst du in Vertrauen?
- Was sind deine individuellen Strategiebausteine?
- Wie lautet deine (emotionale) Vision und was ist dein Beitrag für eine »bessere Welt«?

Deine Mind-Map: **Strategie**

s3 Spaß

Bist du eher der dressierte Manager oder der, der konstruktiv gestaltet? Wie bekommst du mehr Flow in deinen Prozess? Wie nutzt du die psychoaktive Wirkung von Spaß im Prozess? Wenn Humor und Spaß im Job nicht mehr funktionieren, wird es ernst. Wenn du eine Word Cloud rund um Innovationskultur erstellst, was gehört alles für dich dazu?

Freiräume, Partnerschaften, Dynamik, Interdisziplinär, Vertrauen, Eigenverantwortung, »positive Hartnäckigkeit«, Team, Zuhören, Vision, angewandte Kreativität und Spielen, Lernen lernen, intrinsische Motivation (siehe Faktor drei), »Spinner«, Mut, Win-win, Fairness, Offenheit, Achtsamkeit, kreative Talente, Networking, Systematik, Fokussierung, Commitment, Kühnheit, Disziplin, Optimismus, Begeisterung, Teilen, Respekt, Pragmatismus, Strategie, Mindset, Mitdenken, Disruption, Orientierung und vor allem Spaß. Spaß? Spaß im Job schließt sich komplett aus. Das ist zumindest die Meinung vieler sich selbsternannter visionärer Führungsriegen. Und, sind sie da wirklich so visionär? Nein.

Im Rahmen meiner Innovationsaktivitäten bekomme ich immer wieder interessante und faszinierende Angebote und an eines erinnere ich mich besonders. Es war die Zeit, als mehr und mehr Burn-out-Statistiken in der Wirtschaftspresse publiziert wurden, als neue, rein performance-basierte Bewertungssysteme integriert wurden und der Druck in der einen oder anderen Firma, auch bei den Mitarbeitern untereinander, stetig stieg. Es war die Zeit, als Unternehmen alibimäßig Yoga-Matten in das Headquarter-Atrium geworfen und die Mitarbeiter aufgefordert haben, für acht Minuten die Ohhmmm-Atmung auszuprobieren – anstatt nachhaltige Präventionsmaßnahmen zu etablieren. Ich erinnere mich an dieses eine Angebot und die damit verbundene Story sehr genau. Es kam von einer selbstständigen Psychologin mit zwei eigenen Firmen. Das Angebot der einen Firma richtete sich an Privatleute. Es ging dabei um Glücksthemen, um Feng-Shui und positive Energie und Farbkonzepte in den eigenen, privaten Räumen. Das Angebot der zweiten Firma hatte die Tschakka-Headline *»So werden Ihre Mitarbeiter effektiver.*[13]*«* Unterm Strich waren die beiden Angebote praktisch identisch. Es ging um positive Energie, Zufriedenheit (im Job), Life-Balance[14] und das eigene Glück und damit verbunden das Glück der anderen. Auf meine Nachfrage, warum sie ihr Angebot über zwei Unternehmen anbietet, meinte die Psychologin, dass die Zeit (noch) nicht reif sei, um Unternehmen ein Trainingsangebot zu unterbreiten, wie die eigenen Mitarbeiter glücklicher werden.

---

13 Alternativ: zu High Performern.
14 Die viel zitierte Work-Life-Balance ist aus meiner Sicht Placebo. Sie trennt Arbeit vom Leben. Dabei ist Arbeit ein Teil des Lebens.

Bei ihren Firmenpräsentationen würden nur Buzzwords, wie Performance, Agility, Efficiency und Power, zählen – aber nicht Selbstwirksamkeit, Glück oder Spaß. Why not? Heute ist es Gott sei Dank anders. Die nächste Management-Generation der Millennials fordert beides ein und mittlerweile gibt es endlich erste innovative Ansätze, in Schullehrplänen Glück als Unterrichtsfach neben den klassischen Fächern zu etablieren. Unternehmen, die den strategischen Wert »Mitarbeiter« ernst nehmen, nutzen deren individuelle Stärken, ihre persönliche Zufriedenheit und ihren Optimismus als signifikanten Vorteil.

Life-Balance ist für mich persönlich auch der richtige Begriff, da beides miteinander in Einklang steht. Der oft genutzte Begriff von Work-Life-Balance trennt Work und Life und sieht nicht Work als einen Teil von Life.

Ehrlich nachhaltig und innovativ denkende Unternehmen bieten ihren Mitarbeitern z.B. Power Napping per Arbeitsvertrag, Achtsamkeitstrainings, Sport oder Entspannungsübungen, auch während der Arbeitszeit. Sie wissen, dass diese Investitionen in die Mitarbeiter nachhaltiger sind. Die interne Stimmung und Leistung steigt dadurch

magisch. Hinzu kommt, dass solche Angebote angesichts des Fachkräftemangels heute einfach erwartet werden. Ein Must-have, das auch im Bereich Recruiting ein Wettbewerbsvorteil sein wird, wenn es neben den innovativsten auch um den beliebtesten Arbeitgeber geht.

Halbschwanger oder trauen wir uns doch?

Eine weitere kurze Geschichte aus der Praxis: 2017 habe ich einen Anruf aus dem Marketing eines DAX-Unternehmens erhalten und nach dem Update über aktuelle Projekte tastete sich meine Gesprächspartnerin vorsichtig weiter vor: »Jens, da gibt es doch diesen Trend Achtsamkeit. Mein Team fragt danach und wir möchten etwas anbieten. Aber das darf auf keinen Fall in Richtung Esoterik gehen, am besten fällt das Wort Gesundheit auch nicht. Was meinst du, passt das zu deinen Themen?« Ich konnte mir ein leichtes Schmunzeln nicht verkneifen, aber vor allem war ich dankbar für die Anfrage. Wie wir wissen, gibt es keine Zufälle.

Rückblende, ein paar Monate vorher: Nach einem Vortrag, den ich auf der Verbandstagung des Deutschen Wellness Verbandes hielt, spricht mich ein »interessanter Typ« mit einer tiefenentspannten Ausstrahlung an. Er stellt sich als Zen-Coach vor, der sich seit 20 Jahren intensiv mit Zen, Meditation und Mindfulness beschäftigt und Unternehmen berät, wobei er auch selbst früher in einem Corporate gearbeitet hat. Dieser Kontakt war die Basis für unser Angebot und zwei Monate später haben wir unser erstes gemeinsames Mind-Creative-Coaching für 20 Marketers in einer entspannten Atmosphäre in einem Waldhotel organisiert. Auch hier haben wir uns gemeinsam herangetastet. Am Anfang haben wir den Teilnehmern ein Gefühl der Sicherheit vermittelt, in Form von aktuellen Beispielen von Unternehmen, in denen das Thema Achtsamkeit bereits fester Baustein im Management ist. Das Ganze wurde ergänzt mit einer inspirierenden Auswahl an Magazinen, Literatur und wissenschaftlichen Facts. Das Wichtigste war für uns die Ausstiegsklausel, d.h., wir haben von Anfang an definiert, dass der Tag für die Teilnehmer ein Angebot und Experiment ist und kein Muss. Der Ablauf des Tages war gestaltet wie eine Herzschlagkurve. Mein Partner und Zen-Coach war zuständig für die Entspan-

nung und ich für die Anspannung. Abwechselnd wurden im Büroalltag einfach umzusetzende Meditationsübungen ausprobiert und angewandte Kreativität trainiert, ergänzt durch die oben genannte Kill-a-stupid-Rule Übung, um zeitliche Freiräume für Workshop Sessions und Entspannungsübungen zu finden.

Die Erfahrung und das Feedback waren umwerfend. Dennoch schwebte am Ende des Tages eine Frage im Raum: *»Wie bekommen wir eine Akzeptanz und Selbstverständlichkeit für das Thema Achtsamkeit im Management?«* Wie also kann das Top-Management integriert und überzeugt werden? Die Antwort ist auch hier wieder: durch Vorleben und die Vorbildfunktion.

Empathie und Achtsamkeit sind kein Widerspruch zu Zahlen, Daten, Fakten und Performance – ganz im Gegenteil. Vor diesem Seminar war ich Weltmeister in Achtsamkeit – in der Theorie. Und vielleicht noch in Anbetracht der Anzahl an Büchern in meiner Bibliothek. Mit der Vorbereitung und Erfahrung aus dem Seminar habe ich nun auch die entsprechenden Rituale gefunden, es einfach »nur« zu machen. Ich möchte dich sehr gerne ermuntern:

Probiere es bedenkenlos-bequem einmal selbst aus und fange mit kleinen 5-Minuten-Meditationen an. Hierzu gibt es für jeden Geschmack zahlreiche Hilfsangebote: Coachings, Online-Trainings, Magazine, Bücher oder Apps.

Schockverliebt in intrinsische Motivation

Es gibt inspirierende Literatur zu den Themen Motivation und Positive Psychologie – das müssen wir hier also nicht neu erfinden. Aus meiner Erfahrung weiß ich jedoch, dass ich keinen anderen Menschen (Chef, Kollegen, Mitarbeiter, meine Partnerin oder Kinder) motivieren kann. Genauso könnte ich zu meinem Kollegen sagen: »Sei mal die nächsten zwölf Minuten grippal infiziert«. Wer will das? Keiner und das ist natürlich überzogen und Quatsch. Genauso wie ich niemandem meine Motivations-Mantras aufzwingen kann, kann ich Grippeviren verbal übertragen. Was ich jedoch als Unternehmen tun kann, ist, motivierende Rahmenbedingungen zu schaffen, damit sich der Keim der

intrinsischen Motivation[15] bei jedem Mitarbeiter entfalten kann. Aus meiner Perspektive und Erfahrung sind dafür folgende Bausteine am effektivsten:

- Die Vision → Das große visuelle Ziel, das Big Picture, das ein Bild im Gehirn evoziert und im Idealfall emotional formuliert ist.
- Individuelle und stärkenbasierte Stellenbeschreibungen → Stärken stärken, individuelle Stärken nutzen und »Schwächen« konsequent delegieren.
- Impulse und Freiräume geben → Da, wo strategische White Spots sind und Ideen gesucht werden, im Sinne von Guided Creativity.
- Ressourcen bereitstellen → Menschen, Ideen- und Innovationszeit und ein freies Budget für Inspiration, Rapid Prototyping oder erste Kunden-Feedbacks. Weniger Zeit in Controlling-Aktivitäten, Rechtfertigungen oder PowerPoint-Produktionen und mehr Zeit für den interaktiven Austausch, gegenseitige Inspiration und gemeinsames Innovieren.

---

15 Mehr zur intrinsischen Motivation in Faktor drei.

- Ideengeber vertrauen und verantwortlich machen → Ideen konsequent ausarbeiten. Diese Ideen an den richtigen Stellen präsentieren. Eigene »Erfahrungen« und Lernkurven integrieren. Innovation, im besten Fall den Ideen-Launch, feiern. Letzteres wird gerne unterschätzt oder abgelehnt. Manchmal wird zwar gefeiert, allerdings mit den falschen Leuten, nämlich jenen, die wenig bis gar nichts zur Geburt der Innovation beigetragen haben. Feiere Ideen und Innovationen mit den richtigen Geburtshelfern!

InNOvation

Wie Schwarz zu Weiß oder Ying zu Yang, gehören auch Schweißperlen und einfach Spaß in den Innovationsprozess. Was finden wir im Unternehmensalltag? Spaß-Vollbremser, Nörgler und Meckerer, InNOvationsablehner, Bewahrer und Bedenkenträger. Das ist (leider) normal und in jedem Unternehmen zu finden, in jedem Markt, B2B wie B2C, Corporate wie Start-up. Das einmal zur Beruhigung, nicht zur Entschuldigung.

Immer – und ich unterstreiche das Immer –, wenn du etwas Neues in deiner Organisation einführst, sei es ein neuer Ablauf, ein neues Management-Tool oder eine neue Ideenbewertungsmatrix, gibt es einen kleinen Anteil an Kollegen, die jubeln und direkt über die glühenden Kohlen laufen und rufen: »Ich bin sofort dabei«. Gleichzeitig gibt es auch immer einen nicht zu unterschätzenden Anteil an Kollegen, die ihre Meinung körpersprachlich unterstreichen durch verschränkte Arme oder rhythmisches, aber horizontales Kopfschütteln.

Mein Tipp

Nimm alle mit – erst recht die Ablehner. Ich habe Prozesse erlebt, in dem die anfänglichen Ablehner später zu den größten Fans geworden sind. Wie in einer guten Partnerschaft ist das Mittel der Wahl die Kommunikation. Nutze dazu alle Informationskanäle, persönliche Gespräche, Zielvereinbarungen, Intranet, interne Magazine oder Video-Botschaften. Erkläre immer das Warum und den Sinn der Innovation, lade alle zum konstruktiven Dialog ein und vermeide Einbahnstraßen-Monologe. Die Zeit von Unternehmensdiktatur ist vorbei und wenn wir mündige und mutige Intrapreneure wollen, ist das Mitnehmen in die aktive Gestaltung ein Muss.

Sparring ∞

- Wie kommunizierst du, auch innovativ (überraschend anders)?
- Welche Kommunikationskanäle nutzt du, auch gerne jenseits der üblichen Wege?
- Wie wirst du *nicht* zum Spammer, sondern wie wird man praktisch »süchtig« nach deinen Informationen?

Intrapreneure sind die Pioniere im Unternehmen

Wo sind die in- und externen Barrieren, die sichtbaren wie unsichtbaren? Identifiziere diese konsequent und lade dein Team zu einem offenen und transparenten Dialog ein, um die kleinen nervigen wie die großen, scheinbar unüberwindbaren Barrieren in Chancen und Lösungen umzuwandeln. No Blame-Game. Hier geht es natürlich nicht um Denunziation oder Anschwärzen, sondern um eine offene Gesprächskultur, einen internen und externen Dialog.

Ich liebe das Netzwerken, und teilweise betreibe ich das schon recht dreist und extensiv. Ich nehme Kontakt auf,

spreche Experten aus anderen Branchen an, schreibe Einladungen zum Austausch oder treffe potenzielle Gleichgesinnte persönlich. Ich bin mindestens einmal pro Woche auf Netzwerktreffen oder Marketing-Club-Veranstaltungen. Aus jedem Treffen nehme ich etwas mit: neue Kontakte oder neue Impulse, im Positiven wie im Negativen. Wobei natürlich zu Win-win-Netzwerken dazugehört, dass man auch etwas zur Party mitbringt und d.h., weniger Posen und mehr Fokus auf inspirierendes Geben und Nehmen. Netzwerken ist Arbeit, aber auch eine cool-schöne Seite der Wirtschaft. Netzwerken hat einen Hauch von eigener Marke und Selbst-Marketing. Laut WirtschaftsWoche[16] fällt es gerade Frauen schwer, Kontakte für die eigene Karriere zu nutzen. Der Grund? Aus falschem Ehrgeiz oder aus Furcht, die falschen Signale zu senden. Was für den einen oder anderen Mann selbstverständlich ist, wird von einem Großteil der Frauen nicht (aus-)genutzt: konsequentes (Sich-)Verkaufen und konsequentes Netzwerken mit einem Win-win für beide Seiten.

16 WirtschaftsWoche 17/2018: https://www.wiwo.de/erfolg/beruf/selbst-marketing-netzwerken-ist-auch-arbeit/21190102.html

55

»Sei so gut, dass sie dich nicht ignorieren können.«
Steve Martin

Sparring ∞

- Welche Barrieren siehst du in deinem Bereich?
- Wie kannst du Barrieren konsequent eliminieren, um Zeit und Raum für Inspiration und Innovation zu schaffen?
- Welche Dinge machst du im täglichen Job, weil du sie immer so machst (Meetings, Kommunikation etc.)?
- Wie öffnest du dich nach außen?
- Was kannst du geben?
- Was macht dich interessant und einzigartig?
- Mit wem willst du wirklich Kontakt und vor allem, wie kommst du in Kontakt?
- Wie bekommst du einen Experten-Status?
- Wie wirst du Multiplikator?
- Welche Werte kommunizierst du – authentisch?
- Wie wirst du aktiver Netzwerker – ausbalanciert, d.h., ohne zu nerven, nicht nur zu nehmen und auszunutzen, sondern auch, ohne Hintergedanken zu haben, zu geben? Und, was gibst du selbst?

Ein großer Unterschied zu *»früher war alles besser«* ist der Hunger nach Neuem, die Neugierde und die damit verbundene Offenheit gegenüber Neuem. Willkommen sind gerade die auf den ersten Blick äußerst verrückten und ausgefallenen Ideen.

Opfer vs. Macher

Es ist einfacher, zu meckern, als etwas zu ändern – das kennen wir alle. Meckern macht so viel Spaß – wenn es nur nicht so eine Energieverschwendung wäre. Bei Vorträgen zeige ich immer gerne ein Bild: Zwei Manager sind von hinten zu sehen. Der eine umarmt mit der einen Hand seinen Kollegen, in der anderen hält er eine Axt. Die Reaktionen bei diesem Bild sind immer die gleichen: eine Mischung aus ablehnendem Kopfschütteln, zustimmendem Nicken, einem Raunen im Publikum, vermischt mit Lachern. Manch einer fühlt sich auch ertappt. In diesem Bild steckt sehr viel Wahrheit. Nach einem dieser Events sagte ein Teilnehmer unter vier Augen zu mir: *»Herr Bode, das Bild mit den beiden Männern und der Axt, genauso ist das bei uns. Ständig werden die verbalen Äxte ausgepackt, mit Trickserei und* *fiesen Manager-Spielchen.«* Das vorherrschende Muster in vielen Unternehmen ist Konkurrenzdenken statt Kooperation mit gemeinsamem Denken, gemeinsamem Verfolgen von gemeinsamen Zielen.

Wenn in den Unternehmen so viel Energie in die Innovationskultur, in das Netzwerken, in gemeinsame Ideenrunden oder zum freien Spinnen investiert würde, wie in interne Machtspielchen, wären wir Innovationsweltmeister und Empathie-Champions. Die Wirklichkeit sieht oft leider anders aus und das ist einfach nur geschäftsschädigend.

Sparring ∞
Wie setzt du deine kreative Energie ein? Für Politik oder für Innovationen?

Innovierst du mit deinen Kunden auf Augenhöhe? Die meisten Unternehmen fürchten sich regelrecht davor, mit ihren Kunden und Noch-nicht-Kunden zu arbeiten, zu spinnen und zu innovieren. Geschweige denn, dass man seine Kunden besucht, ihre Rituale beobachtet und einfach nur staunt, zuhört, beobachtet und lernt. Eigentlich reicht es

doch, wenn der Kunde einfach nur das Angebot oder Produkt kauft – so die allgemeine Haltung. Nett ist auch, wenn Kunden bei der Nutzung der eigenen Produkte belehrt oder korrigiert werden, statt einfach mal »den Mund zu halten«, das Manager-Ego auf Standby zu schalten, zuzuhören und zu staunen. Im Idealfall, und jetzt kommen wir wieder zum Spaß, verwandelst du die Staun-Erlebnisse in neue Lösungen und Konzepte. Das kannst du mit deinem Team machen oder auch gleich gemeinsam mit deinen Kunden.

Hierzu gibt es eine schöne Story von meiner Partnerin Nic, einer erfolgreichen Architektin mit diversen preisdotierten Wettbewerben. Eines Tages präsentiert sie einen Entwurf für ein Großprojekt und erntete wie meist in derartigen Meetings vertikales Kopfschütteln in Form von Nicken und Zustimmung. Ein Vorstand jedoch war anders. Wertschätzend hatte er den Entwurf hinterfragt und sich die unterschiedlichen Perspektiven erklären lassen. Dann spitzte er seinen 3B-Bleistift, aber nicht um Kosten zu senken, sondern um seine mehr oder weniger großen Zeichentalente anzuwenden und seine Ideen mit einzubringen. Er wollte als Kunde einfach mitgestalten, wollte mit seinen Wünschen und Ideen zu der Gesamtlösung und der finalen Gestaltung beitragen. Und die so entstandene Synergie und das gemeinsame Ergebnis können sich wahrlich sehen lassen. Auch in solchen Situationen gehört einerseits Empathie und Fingerspitzengefühl dazu, den Kunden mitgestalten zu lassen, und auf der anderen Seite die Energie und der Wille, seine Ideen aktiv einzubringen. Im Endeffekt war die Geschichte eine wunderbare Win-win-Situation, die zudem allen Beteiligten Spaß gemacht und die Zusammenarbeit nachhaltig gestärkt hat.

Sparring ∞

Meinung vs. Ahnung: Läufst du noch verblendet im Daily-Business-Hamsterrad oder staunst du schon? Bitte lerne das Staunen wieder und nutze die wunderbare Macht und einzigartige Kraft der Neugierde und der Fragen.

Staunen zu dürfen, hat auch etwas mit gelebter Innovationskultur zu tun. Wenn ein Manager etwas sieht und staunt und damit praktisch zugibt, dass er diesen Insight (noch) nicht hatte, dann muss dies auch erlaubt sein. Denn wenn derjenige, der Neues sieht, an den Pranger gestellt wird, hat man zwar vielleicht kurz sein Ego befrie-

digt, aber gleichzeitig eine Barriere aufgebaut, die ähnliche Reaktionen zukünftig im Keim erstickt.

Spaß ist das Vergnügen und die Freude, die man bei einer Sache empfindet. Aber darf man für Spaß bezahlt werden und ein Gehalt beziehen? Bei mir ist nachhaltiger Spaß die eigentliche Motivation und Mission meines Jobs, und ich begreife das als Führungsaufgabe. Ich selbst bin verantwortlich. Ich bin verantwortlich dafür, mich selbst immer wieder aufs Neue herauszufordern und selbst zu führen. Ich führe und werde geführt. Wenn nicht durch einen Chef, CEO oder Aktionär, dann letztendlich durch meine Kunden.

Mitarbeiterstolz

Kurzfristige Spaß-Aktionen im Team nach dem Motto »Wir-gehen-heute-alle-bowlen-und-haben-Spaß-aber-morgen-früh-hört-der-Spaß-wieder-auf« nenne ich Spaß-Quickies. Sie sind nicht nachhaltig. Sie gehen meistens auf Kosten anderer und helfen keinem Unternehmen und vor allem bringen sie auch keine nachhaltige Befriedigung. Authentischer und nachhaltiger Mitarbeiterstolz und gemeinsame Freude bedeuten auch nachhaltigen Erfolg. Spaß-Quickes dagegen sind meistens motiviert aus interner Politik und Statusspielen und bringen langfristig nur Unruhe und Unzufriedenheit auf allen Ebenen.

Untergangssehnsucht und ohrenbetäubende Stille

So wirst du zum Master der Spaß-Bremser:

- **Fördere überflüssige Konflikte**: Ein konstruktiver Konflikt ist prinzipiell zu begrüßen, ist aber die Seltenheit. Wird Offenheit der Perspektiven gefördert, kann am Ende etwas entstehen, das besser ist als jede der Einzelmeinungen. Ein konstruktives Ja zur Diversität und zur Vielfalt der Meinungen. Ein Statement und ein klares Nein zu einzelnen Empfindsamkeiten, Silo-Denken, Konflikte über Fürstentümer und ungefragte Einmischung. Die Kunst ist, konstruktive Konflikte zu lenken und zu moderieren, emotional mit »heiterer Gelassenheit« und sachlich auf den Punkt.

- **Baue überflüssige Prozessschritte und Aufgaben ein:** Prozesse machen das Leben leichter, weil man nicht immer wieder von Neuem herausfinden muss, was als nächstes kommt. Ich muss ja nicht jeden Tag aufs Neue das Atmen lernen. Schnappatmung – blöd ist nur, wenn ein Prozess unnötige und sinnbefreite Schritte enthält, die trotzdem feinsäuberlich durchlaufen werden müssen – weil z.B. das Handbuch es so vorgibt und niemand sich die Mühe macht, dies zu hinterfragen. Es gibt Unternehmen, die benötigen Prozesse für ihre Prozesse und Prozesse, um Prozesse zu steuern. Ungelogen, ich habe ein Food-Unternehmen erlebt, das mir stolz sein 258-seitiges Handbuch für den internen Innovationsprozess präsentiert hat – mit Ablaufplan und schnittmusterartigen Diagrammen. Da sind jede Steuererklärung und jedes DIN-Handbuch wirklich sexy dagegen. Wenn sich ein Prozess verselbstständigt und nach einiger Zeit keiner mehr weiß, warum ein Schritt überhaupt notwendig ist, man sich hinter Prozessen versteckt oder vermeintliche Sicherheit sucht, dann hat man es mit einem Spaß-Killer zu tun.

- **Erhöhe das Misstrauen:** Mit dem Thema Vertrauen tun sich einige Unternehmen besonders schwer. Auf der einen Seite wird Vertrauen gepredigt, auf der anderen Seite werden mehr und mehr Controlling-Schritte aufgebaut. Ein No-Brainer: Am besten und produktivsten arbeiten die meisten Menschen, wenn ihnen Vertrauen (vorab) geschenkt wird. Vertrauensvorschuss – oder wie wäre es, den Mitarbeitern eine Kreditkarte mit einem vordefinierten Budget zur freien Innovationsverfügung zur Verfügung zu stellen? Das Budget könnte genutzt werden für externe Arbeitsessen mit Impulsgebern, zum Einkaufen von Produktmustern oder Ähnlichem. Was schätzt du? Wird es Missbrauch in das Vertrauen und Budget geben oder wird das positive Gefühl überwiegen, selbst gestalten zu können?

Das gute Gefühl und der Gewinn von freier Zeit durch eingesparte Absicherungsrunden und Freigaben über zwei und mehr Hierarchien oder das handschriftliche Ausfüllen von Formularen in Zeiten der Digitalisierung, wenn diese Formulare überhaupt benötigt werden, gewinnen. Mein Appell: Lebe Eigenverantwortung vor. Das Ergebnis, einzahlen in das Budget einer positiven Innovationskultur und das Zutrauen darin, das ich mit »meinem« Budget selbst und eigenverantwortlich umgehe, ist deutlich größer als das pauschale Misstrauen gegen alle. In der Regel wird das Vertrauen um ein Vielfaches mehr zurückgezahlt – in Form von Kreativität, auch überraschenden Ideen und Loyalität.

Das Modell der Kreditkarte ist kein Science-Fiction, es wurde mehrfach umgesetzt. Ein Beispiel findest unter dem Stichwort Adobe-Kickbox: https://kickbox.adobe.com/

Spaß-Strategie: Leadership mit Empathie und dem Vertrauen, dass Innovieren auch Spaß machen kann. Spaß machen muss: mir selbst gegenüber, im Umgang mit meinen Kollegen, mit meinem Team und im Umgang mit den Hierarchien in alle Richtungen.

Nahtod-Erlebnis oder Spaß-Upgrade

Besonders in einigen Rechenschaftsbericht-getriebenen Aktienunternehmen wird der Druck permanent erhöht. Fremdgesteuert von außen und/oder von innen. Dabei werden nicht selten Kollateralschäden, wie geplatzte Karriereträume, Burn-outs, Kündigungen, akzeptiert und mit immer neuen Buzzwords, wie Performance, übertüncht. Und selbstverständlich steht die nächste Kollektion der Management-Modewörter schon in den Startlöchern: Einsparprozesse, Effektivitätsprozesse, Smart-Spending-Prozesse.

Wo bleiben die Corporate-Fun-Prozesse?

Feiern

Neulich war ich auf einer Inspirationstour und zu einem Trendwalk in London. Wenn man dort am späten Nachmittag durch die Straßen zieht, ist ein Ritual zu beobachten. Gegen 18:00 Uhr rotieren die Drehtüren der Büroausgänge und die Mitarbeiter strömen in den nächstliegenden Pub, um gemeinsam ein Feierabend-Pint zu trinken. Ich möchte hiermit nicht zur Bierkultur anregen, vielmehr geht es mir um die Idee dahinter, dass man gemeinsam den Feierabend feiert. Feierrituale sind wichtig. Vielleicht nicht jeden Abend, aber feiere mit deinem Team den gemeinsamen Erfolg. Das kann ein GO1-Stempel sein, den du gerade vom Vorstand für das neue Konzept bekommen hast oder der erfolgreiche Produkt-Launch mit der ersten verkauften Million-Stückzahl oder vielleicht sogar die 100-Millionen-Euro-Idee?

Feiern muss auch nicht immer etwas mit Vier-Sterne-Hotels und großen Budgets zu tun haben. Es sind die kleinen Dinge und Signale, die zählen, aber bitte mit Fin-gerspitzengefühl. Zu D-Mark-Zeiten habe ich es einmal erlebt, dass ein Manager einen Innovationspreis in Höhe von 10.000 DM gewonnen hat. Er war Projekt- und Teamleiter, und an diesem Erfolg waren einige kreative Geister beteiligt. Nach der Verleihung lud der Preisträger sein Team zu einem Nachmittagsfilterkaffee mit Schokowaffelröll-chen ein, hielt eine kurze Dankesansprache und schenkte jedem Teammitglied eine Tafel Merci-Schokolade. Nichts gegen die vorportionierte Schokolade, aber die Begeisterung im Team hielt sich – verständlicherweise – deutlich in Grenzen. Faszinierend, wie schnell man einen positiven und schönen Anlass wie »Wir feiern unser neues Konzept« zerstört, wenn man egoistisch und ohne Fingerspitzengefühl, ohne Empathie, handelt.

Ein weiteres Erlebnis, ein sehr schönes und positives, war eine Teamfeier mit über 50 Kollegen. Das Team war in puncto Geschlechter, Alter, Hierarchien, Typen und kreativen Mindsets gelebte Diversity. Dazu waren 26 Nationen vertreten. Eingeladen wurde an einem Samstagnachmittag mit Partner und Familien und jeder hatte etwas aus seiner Nation mitgebracht, etwas zum Essen, Musik oder Spiele. Das war ein wirklich faszinierendes Erlebnis. Die

Familien haben sich untereinander kennengelernt und der bunte Nachmittag ging bis tief in die Nacht. Alle haben akzeptiert, dass sie ihre Freizeit investierten und einfach den gemeinsamen Tag genossen. Zudem hat das Event praktisch nichts gekostet, bis auf ein paar Freiwillige, die den Nachmittag mit viel Energie, Liebe und Vorfreude organisiert haben.

Sparring ∞

- Wie kannst du gemeinsam und auf Augenhöhe mit deinem Team Innovationserfolge feiern, sogar ohne Budgets?
- Wie kannst du Prozesse und Abläufe radikal von Staub- und Lehmschichten befreien?

Sense of Urgency

Wenn du noch mehr Spaß suchst, könnte dich auch folgende Story aus einem Corporate inspirieren.[17]

---

17 Bitte gerne mit einem gewissen Augenzwinkern verstehen.

Regelmäßig treffe ich mich mit gleichgesinnten Innovatoren zum Inno-Stammtisch und Austausch zur Innovationskultur, neuesten Tools oder Best- und Worst-Practise-Storys. Auch wenn dies alles praxistrainierte Innovatoren mit viel Erfahrung sind, kommt auch hier dann und wann ein wenig Frust hoch und der Stammtisch mutiert fast zu einer Art Therapiegruppe. Frust über interne Abläufe, Barrieren und »Typen«, die keinen »*Sense of Urgency*« entwickeln und einfach nicht verstehen, was außerhalb der Werktore abgeht, wie die Welt sich dreht und rapide beschleunigt. Kurz, auch wir müssen ab und zu Dampf ablassen. In einer solchen Situation erzählte mir ein Kollege aus der Runde: »*Jens, wenn meinem kleinen Team und mir mal alles zu bunt wird, dann geben wir uns ein dezentes verabredetes Zeichen und stellen uns für ein Meeting oder bis Ende des Tages einfach vor, dass wir in einer Privatklinik, in einem Irrenhaus, sind, und wir als Team sind die Pfleger, die einzigen Gesunden. Jedes Mal schauen wir uns nach ein paar Minuten an, müssen uns das Lachen verkneifen und haben einfach einen Riesen-Spaß. Das ist langfristig natürlich keine Lösung, aber ein kurzfristiges Gefühl der Erleichterung, und Spaß macht es auch. Wir haben dann einfach eine gewisse Entspanntheit, gemeinsam über andere Wege und Lösungen nachzudenken.«*

Erfolge und Innovation alleine zu feiern, ist wie alleine küssen.

unbekannt

Innovation-Sparring: Spaß

- Was gibt es bei dir und in deinem Innovationsumfeld zu feiern?
- Küsst du alleine oder wie feierst du mit deinem Team?
- Wie bringst du glaubwürdig und nachhaltig mehr Flow und Spaß in deinen Innovationsprozess?

Deine Mind-Map: **Spaß**

Spaß

Faktor zwei: MACHEN – Wie starten wir innovativ durch?

m1 Momentum

Innovationen umzusetzen, neue Lösungen und Produkte zu launchen, sind fantastische Überwindungsprämien: eine Belohnung für das Überwinden von Denkbarrieren, eine Belohnung für deine Resilienz, eine Belohnung dafür, dass du an die Idee glaubst und an deine Willenskraft und

Ausdauer, es durchzuziehen. Das Momentum zu nutzen, bedeutet, dass aus einem Bald ein Jetzt wird, bevor es den Tod des Nies stirbt. Auch wenn die Situation komplex erscheint: Wer Komplexität als Chance begreift, vielfältige Antworten zu erzeugen, verwandelt ein Problem in einen fantastischen Möglichkeitsraum.

Das Momentum gibt Aufschluss über das Tempo und die Kraft von Bewegungen und eine gewisse Eigendynamik. Die Voraussetzung dafür ist, dass sich noch etwas bewegt, dass noch Leben im Projekt ist. Dann ist die Antwort auf die Frage, wann der richtige Zeitpunkt für Innovationen ist, einfach zu beantworten:

Immer und jetzt

Viele Führungskräfte denken zu kompliziert und verstecken sich hinter Verfahrensabläufen. Warum? Weil sie Angst haben. Angst davor, einen Fehler zu machen. Stattdessen versuchen sie, in den gelernten und bekannten

Normen zu bleiben oder negativ aufzufallen. Wer nicht auffällt, fällt weg. Willkommen, Komfortzone.

Das macht man ja so. Die Branche macht das so. Etwas Neues? Nein! Neues generiert Unsicherheiten. Bedenke jedoch: Wenn du etwas so machst, wie man es immer gemacht hat, wird man auch die Ergebnisse erhalten, die man immer schon erhalten hat. Ganz einfach und ganz banal.

Einige Unternehmen kreisen nur noch um sich selbst, sind mehr mit sich beschäftigt, als sich um externe Einflüsse zu kümmern. Sie klammern sich an Finanzziele, und die krampfhafte Steigerung des Unternehmenswertes wird zum Selbstzweck. Beim Blick nach außen und in Richtung spannender Herausforderungen werden die Augen zugedrückt.

Unternehmerisches Handeln beginnt nicht mit dem Blick auf mögliche Gefahren, sondern mit der klaren Perspektive einer Chance. Der Fokus auf Gefahren kann einige motivieren, aber die Mehrzahl lähmt es, sie verfallen in Angststarre und lösen hektisch Abwehrreflexe aus. Und viele Unternehmenslenker innovieren – wenn überhaupt

– ängstlich oder rein reaktiv. Oder auch arrogant, weil sie ja immer schon das beste Produkt am Markt hatten oder eine gewisse Alleinstellung im Markt vermuten. Sie nehmen keine Veränderungen wahr, weder interne noch externe. Sie definieren keine Einflussfaktoren und scannen keine Trends. Warum auch? Ging ja immer alles gut und wird bestimmt auch so lange gut gehen, bis man in Rente geht.

Faktor Kosten: Ich höre oft, wie teuer es ist, kreative Mindsets und Coaches und Moderatoren zu finden, schlanke Prozesse zu installieren, Inspiration von innen und außen zu sammeln, kreativ-wild zu kombinieren und intellektuell in Ideen zu überführen. Kosten? Nein. Es sind Investitionen – in die Zukunft.

Investitionen

Du investierst in dich und deine Zukunft. In die Zukunft deines Teams und deines Unternehmens. Nur so überlebt das Unternehmen am Markt oder stärkt seine Marktposition. Im besten Fall findet es White Spots und baut seine

Marktanteile aktiv aus. Aktivität statt Passivität. Start statt Stopp. Machen statt »schau'n wir mal«.

Investitionen müssen nicht immer monetärer Art sein. Auch Ressourcen in Form von Mitarbeiter-Know-how und -Zeit sind Investitionen und Kapital.

Sparring ∞
- Investiere in das Vertrauen deines Teams, Umfelds und natürlich in das Vertrauen deiner Kunden.
- Investiere in die kreativen Talente.
- Investiere in kreative Crowds.
- Investiere in ein Frühwarnsignal.
- Investiere in Pro-Aktivität und die Vorbereitung »was wäre wenn ...?«

Das Momentum einer aktiven Innovationskultur ist das zu wenig beachtete Fundament jedes Innovationserfolgs. Barrieren und Ausflüchte sind gerne:
- Keine Zeit – das Tagesgeschäft geht vor.
- Kein Vertrauen – mangelnde Kooperation.
- Keine Dynamik – träge Prozesse und Entscheidungen.

Mit der Innovationskultur ist es wie mit dem Sauerstoff beim Atmen: Er ist nicht direkt sichtbar und damit nicht kontrollierbar, aber lebensnotwendig. Vor jeder Installation eines noch so agil geratenen Innovationsprozesses, hat eine fruchtbare Innovationskultur allerhöchste Priorität. Dabei ist die Innovationskultur jedoch kein Selbstzweck und auch kein Selbstläufer. Denn was bringen die besten Inspirationen, wenn sie nicht gesehen werden? Was bringen die besten Brains, wenn sie nicht innovieren können und dürfen? Was bringen die besten Ideen, wenn sie niemand in der Organisation vorantreiben möchte oder dafür Ressourcen zur Verfügung gestellt werden? Was bringen die besten Manager, wenn sie vom Top-Management durch Mikro-Management in der Ausübung ihres Daseins und Jobs behindert und demotiviert werden.

Innovation hat viele Herausforderungen und manchmal auch Feinde:
- Innovationen sind neu und erzeugen damit Veränderungen, Risiken und Unsicherheiten unter den Mitarbeitern und können schnell auf Ablehnungen stoßen.
- Innovationen benötigen Ressourcen, die dann im eigentlichen Tagesgeschäft nicht zur Verfügung stehen.

- Innovationen begeistern die Menschen. Aber was Menschen nicht wollen, sind Veränderungen, vor allem, wenn es sie selbst betrifft. Die Veränderungsresistenz liegt in der Natur der Menschen. Daher sind der Faktor Vision und ein Wo-will-ich-hin-Zielbild (vgl. Faktor eins) so immens wichtig. Wird dazu das individuelle Higher-Level-Benefit befriedigt, umso besser und effektiver.

BeGEISTern

Das Momentum und die Schaffung und Förderung einer Innovationskultur

Es reicht nicht, Absichten in Hochglanzbroschüren und mit Tschakaa-Fotos von jubelnden Managern zu kommunizieren. Innovation muss (vor-)gelebt werden. Ehrlich, authentisch, glaubwürdig und nachhaltig! Es reicht nicht, die Wunschkultur in ein Pamphlet zu pressen. Die Veränderung muss vor allen Dingen und zuallererst in den Köpfen stattfinden. Beginnend vom Top-Management bis hin zu jedem einzelnen Mitarbeiter.

Sparring ∞

- Innovation vorleben: Wie lebst du Innovation konkret vor? Und, welche Signale sendest du aus?
- Innovation können: Wie steigerst du systematisch die Fähigkeiten, die für Innovationen unentbehrlich sind, auf das nächste und übernächste Level, z.B. durch Skill-Trainings zu Kreativität, wertschätzende Feedback-Kultur und Kommunikation, sehr schlankes Projekt-Management oder das Lernen durch Benchmarking aus anderen Industrien.
- Innovation wollen: Wie förderst du die Bereitschaft, konstruktiv zu hinterfragen, mutig neu und anders zu denken, z.B. Sensibilisierung, um in- und externe Veränderungen wahrzunehmen, einen Sense of Urgency zu entwickeln, die Schaffung eines Bewusstseins für Innovation oder die Rahmenbedingungen, die intrinsische Motivation zu steigern oder frei heraus formuliert, heiß auf Innovationen zu werden?
- Innovation dürfen: Wie steigerst du die Entrepreneurial Skills, Risikobereitschaft und Innovationsoptionen, z.B. durch entsprechende innovationsfreundliche Strukturen, Kommunikation, Definitionen und Regeln, Prozesse, Verfügbarkeit von Ressourcen in Manpower, zeitliche Freiräume und »Spiel-Budgets«?

- Innovation darstellen: Was sind für dich die Zeichen und Signale einer positiv-nachhaltig erfolgreichen Innovationskultur?

Die Schaffung einer fruchtbaren Innovationskultur ist eine zentrale Führungs- und Verführungsaufgabe. Es gilt, Lust auf Innovationen zu machen und zur Eigenverantwortung zu verführen. Bei der Inthronisierung neuer Tools nicken manche wohlwollend und manche nicken ein. Was sind die Hebel zur Schaffung einer positiven Innovationskultur?

Sparring ∞

- Die Mitarbeiter für Innovation und deren Chancen sensibilisieren.
- Die Mitarbeiter begeistern, sich neben ihrem Tagesgeschäft für Innovation zu engagieren. Sei es aktiv in der Rolle des Innovators oder als Unterstützer anderer hinsichtlich ihrer Ideen und Projekte.
- Die Mitarbeiter mit den notwendigen Informationen, Tools und Skills ausstatten, um sie für Innovationen zu befähigen.
- Den Mitarbeitern die erforderlichen Ressourcen, Strukturen und Räume geben, um Innovationen zu ermöglichen.
- Rahmenbedingungen schaffen, damit sich die intrinsische Motivation der Mitarbeiter voll entfalten kann.

Werden wir nicht erst aktiv, wenn wir bedroht werden. Und vermeiden wir, unsere eigene Inaktivität oder Passivität zu rechtfertigen – mit was auch immer. Nutzen wir den Augenblick, das Jetzt, die Gegenwart. Denn der Zeitpunkt, mit Innovationen zu starten, ist jetzt. Das Momentum nutzen gibt Klarheit und Kraft.

Machen – jetzt und jeden Tag. Ich will jetzt nicht die oft angeführten asiatischen Zitate mit dem Marsch und dem ersten Schritt wiederholen. Und das private Silvester-Ritual kennst du auch aus deinem Job: »*Ich mache nie wieder ...*« »*Ab morgen werde ich ...*« und weitere mentale Totgeburten. Ich möchte dir eine so einfache wie banale Alternative mitgeben, die mir persönlich sehr hilft. Auch ich lasse es hier und da zu, dass andere Macht über mich haben und sie es schaffen, dass ich mich über sie ärgere. Wenn ich mir jetzt vornehme, dass ich mich NIE wieder über andere ärgere, erzeugt das bei mir Druck in der Magengegend und nach 72 Stunden bin ich wieder über mein eigenes »nie wieder« gestolpert. Nur drei Wörter nehmen bei mir den Druck raus und erzeugen eine gewisse Erleichterung.

Just for today

- … verschwende ich keine Arbeits- und Lebenszeit in unnötigen Meetings. Ich schlage für alle konstruktive Alternativen vor.
- … ziehe ich mich einmal am Tag für acht Minuten zurück, setze mich aufrecht hin, mache die Augen zu, atme nur und zentriere mich.
- … investiere ich 15 Minuten meiner wertvollen Zeit und netzwerke aktiv, schreibe für mich inspirierende Menschen auf einer Business-Plattform an.
- … komme ich sofort ins Machen.

Wenn du jetzt noch dein eigenes Just for today mit dem Gesetz der Minimalkonstanz multiplizierst, wirst du wachsen. Das Gesetz bedeutet, jeden Tag eine kleine Wiederholung, bis aus dem neuen Verhalten eine Selbstverständlichkeit wird.

Beispiel[18]

Mentale Zinsrechnung – wenn du nur jeden Tag 1% »besser« wirst, sind das in einem Jahr $1,01^{364}$.

Sparring ∞

- Was ist dein spontanes Just for today?
- Kannst du dein Just for today mit einem mentalen Anker aufladen?
  (Bitte recherchiere hier auch unter den Begriffen: NLP und Anker)
- Wie kommst du mit Leichtigkeit in ein tägliches Ritual?

Persönlich nutze ich ein Lederbuch. Ein Investment. Ein sehr hochwertiges mit einem wunderbar-haptischen Papier, dass ich mir bei einer inspirierenden Tour in Paris gekauft habe. In dieses Buch kommen nur »wertvolle« Gedanken, positive Erlebnisse oder Fragen, mit denen ich mich in der nächsten Zeit beschäftigen möchte. Als visueller Typ nutze ich zusätzlich die App »Day One«, wo ich

---

18 Nach Dave Brailsfords Konzept: Verdichtung von marginalen Gewinnen: https://changejournal.de/blogs/news/mit-winzigen-optimierungen-riesige-ergebnisse-erzielen

jeden Tag ein Bild hochlade und mit einer kurzen Notiz ergänze, was mich heute fasziniert hat. Das alles dauert nur ein paar Minuten pro Tag. Der *Return on Insight*[19] ist für mich gewaltig. Wenn ich mich positiv aufladen möchte, blättere ich durch mein Buch, lass mich inspirieren oder scrolle durch die Bilder. Ich spüre jedes Mal ein unglaubliches mentales Upgrade.

Innovation-Sparring: Momentum

- Ist jetzt ist der richtige Zeitpunkt für dich zum Innovieren?
- Was benötigst du noch für einen erfolgreichen Start?
- Wen kannst du um Unterstützung bitten, fragen, einbinden und aktivieren?
- Wie wird Innovation zur Magie?
- Was ist dein Just for today?

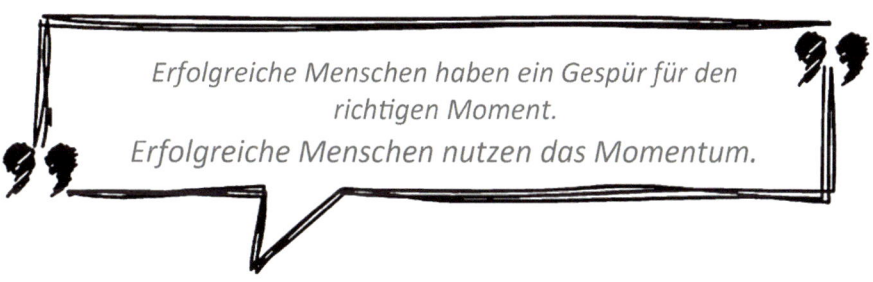

Erfolgreiche Menschen haben ein Gespür für den richtigen Moment.
Erfolgreiche Menschen nutzen das Momentum.

---

19 Siehe hierzu Kapitel e2 Erfolg.

Deine Mind-Map: Momentum

Momentum

m2 Mut

Du kennst sicher das Kugelstoßpendel. Sechs Stahlkugeln hängen nebeneinander an Perlonfäden. Das Bild ist symptomatisch für viele Unternehmen. Man hängt ab. Man hängt rum. Bloß keine Bewegung. Warum auch? Wird aber eine Kugel angestoßen, wird dieser Impuls übertragen und es kommt Dynamik ins Spiel. Die Energie fließt. Allerdings nur, bis die Schwerkraft wieder zuschlägt, auch die mentale. Nach und nach verlangsamen sich die Bewegungen und schließlich hängt man wieder ab. Eigentlich brauchen wir in den Unternehmen eine Art Mut-Perpetuum-Mobile – das sinnbildlich unsere Mut-Kugeln permanent in Bewegung hält.

Courage, Mut und der gute alte Wert Kühnheit sind Impulse, um die erstarrten Stahlkugeln oder eingerosteten Hirnwindungen in Bewegung zu bringen. Mut bringt Schwung in die Aktion und kreiert ein Momentum. Die Kehrseite davon: Änderst du nichts, ändert sich nichts.

WUT: Warte und trauere vs. MUT: Mache und tue.

Lustgewinnung vs. Schmerzvermeidung. Initialzündung für den Impuls zum Mut kann einerseits die Motivation sein, sich raus aus der Opferhaltung zu bewegen oder die Neugierde, etwas Neues anzufangen. Ich bin immer fassungslos, wie selbst alteingesessene und eigentlich erfolgreiche Unternehmen in dem Modus des Abwartens eingefroren sind und nicht den Mut haben, Neues auszuprobieren, nur weil bislang auch in den alten Fahrwassern alles gut lief.

Die Welt ist verrückt. Oder hast du dir vorstellen können, dir zum Coffee to go gleich noch das Auto für den Kundentermin per App freizuschalten? Oder deine kurzweiligen Erlebnisse des Tages mit der Welt und deinen Followern zu twittern? Früher war Fernsehen, wenn es die TV-Sender ausstrahlten, heute entscheidest du, wann du wann, wo, welche Serie schauen willst. Als ich Kind war, sah die Zukunft noch anders aus. Da gab es noch kein @-Zeichen in der Nudelsuppe, keinen beheizbaren »Küchen-Rührer« für einen vierstelligen Euro-Betrag oder

Navis. Brauchte auch keiner, da praktisch jeder einen Topf oder den gelben Shell-Atlas besaß. Es gibt limitierte Sneaker mit eingebautem Jahresticket in Berlin, Private Krankenversicherungen, die ich ohne Gesundheitsprüfung per App abschließen kann oder Roboter, die haushaltsnahe Dienstleistung verbringen – mit einem Emoji-Lächeln – 24/7/365, wenn sie nur genug Strom bekommen.

Eine – natürlich nicht vollständige – Liste von Unternehmen und Diensten, die es vor gut 15 Jahren noch nicht gab und die heute eine marktbeherrschende Position haben oder globaler Marktführer in ihrer Kategorie sind:
- YouTube[20] (Gründung: 2005)
- Spotify[21] (Gründung: 2006)
- Twitter[22] (Gründung: 2006)
- Car2go[23] (Gründung: 2008)
- Bitcoins[24] (Gründung: 2009)

- Uber[25] (Gründung: 2009)
- Kickstarter[26] (Gründung: 2009)
- Instagram[27] (Gründung: 2010)
- Snapchat[28] (Gründung: 2011).

Oder du im Urlaubskoffer bei 20 Kilogramm Freigepäck die Bücher, die man endlich mal im Urlaub lesen möchte, nicht mehr einrechnen musst dank neuer, innovativer Technik.

Produkte und Konzepte:
- Coca-Cola Zero Sugar[29] (2006)
- Nintendo Wii[30] (Erscheinen: 2006)
- Amazon Kindle[31] (Erscheinen: 2007)

20 https://www.youtube.com/?gl=DE&hl=de
21 https://www.spotify.com/de/
22 https://twitter.com/?lang=de
23 https://www.car2go.com/DE/de/
24 https://www.bitcoin.de/de

25 https://www.uber.com/de/
26 https://www.kickstarter.com/?lang=de
27 https://www.instagram.com/?hl=de
28 https://www.snapchat.com/l/de-de/
29 https://www.cocacola.de/de/coke-zero/?utm_source=Quisma-AdWords&utm_medium=SEM&utm_campaign=Jahresstrategie_2018&utm_content=paid.mediacom
30 https://www.nintendo.de/Wii/Wii-94559.html
31 https://www.amazon.de/ebooks-kindle-buecher/b?ie=UTF8&node=530886031

- iPhone[32] (Erscheinen: 2007)
- Tesla Roadster[33] (2008)
- Selfie Sticks (2014)
- iWatch[34] (Erscheinen: 2015)
- und so weiter und so weiter ...

Die Macht des Faktischen

Die Welt ist verrückt, und die Welt wird immer unkalkulierbarer und einfach durchgeknallter. Macht es dir Angst oder siehst du die Chancen? Dann spring über den Schatten der Vergangenheit, beweg was. Das Faszinierende ist, dass es eigentlich gar keine großen Anstrengungen dafür braucht. Was es braucht, ist der frische und unverbrauchte Blick, Achtsamkeit, Wahrnehmung sowie Mut zum Machen:

Vision x »Unzufriedenheit« x Energie > größer als der Widerstand (Barrieren, Angst etc.)

Als Kinder haben wir diese wunderbaren kleinen Mutproben gemacht: Klingelstreiche, Insekten gegessen und auf große Bäume geklettert. Ein Großteil der Unternehmen könnte gut jemanden gebrauchen, der täglich seine Klingelstreiche macht – am besten im Dolby-Surround-Sound, um die Mannschaft wachzuklingeln und aus ihrer Lethargie zu reißen. Wir bestaunen immer die Mutigen und Macher, die Ausbrecher und Querdenker, die Intra- & Entrepreneure, die Kühnen und Frechen, die mutig neue Wege gehen.

»If one man can do it, everybody can do it.«
Aus dem Film »The Edge« mit Anthony Hopkins
und Alec Baldwin

Was hält uns immer wieder zurück? Die Angst vor der eigenen Courage? Wird es nicht nur noch schlimmer, wenn wir immer nur jammern? Eigentlich macht es doch auch

32 https://www.apple.com/de/iphone/?afid=p238%7CsnXSUrQ3E-dc_mtid_20925qby39952_pcrid_226730025013_&cid=wwa-de-kwgo-iphone-%7Bcid_seasonal%7D-slid--bran-iphone-e-productid-
33 https://www.tesla.com/de_DE/roadster
34 https://www.apple.com/de/watch/

Spaß, sich zu trauen und mutige Schritte zu wagen. Das kennst du aus deinem Leben bestimmt. Einfach einmal zu weit gehen und sich dort ein wenig umsehen. Das Wunderbare ist, dass es unendlich Spaß macht, wenn man einmal in Bewegung gekommen ist und den nötigen Mut aufgebracht hat.

Sparring ∞

- Welche mentalen Schlagbäume oder organisatorischen Barrieren siehst du?
- Kannst du die Dinge benennen, die einfach nicht gut laufen?
- Worin genau könntest du für deine Mitarbeiter Vorbild sein?
- Wobei können andere dir helfen, wenn du sie bittest?
- Mit wem könntest du dir eine Kooperation vorstellen?
- Wie und wo könntest du Pionierarbeit leisten?
- Was ist undenkbar, aber vielleicht doch machbar?

Mut hat Magie

Ich weiß nicht, ob es mit der deutschen DNA zu tun hat, den sagenumwobenen Tugenden oder Werten, dass wir dazu neigen, immer perfekt sein zu wollen. Wir definieren KPI, installieren Controlling-Instrumente, definieren Menschen, die das Controlling kontrollieren und sind schon längst platt und erschöpft, bevor wir auch nur mit der Umsetzung einer einzigen Idee angefangen haben. Ich bin fasziniert von Start-ups. Nicht, weil Start-ups schick und trendy sind oder weil Unternehmen »Butterfahrten« in die Silicon Valleys dieser Welt veranstalten. Ich bin fasziniert von ihrer teilweise großen Naivität, mentalen Unschuld und der »Einfach-machen«-Attitude, mit der sie ein Business starten. Es ist in der Regel gelebtes Design Thinking: Verstehen – Beobachten – Sichtweisen definieren – Ideen finden – Prototypen entwickeln – Testen und wenn es (noch) nicht funktioniert, dann springt man wieder zurück oder fängt ganz von vorne an. Und das gerne auch drei- bis fünfmal hintereinander. Ein positives Mindset von Trial and Error. Nichts muss von Anfang an 100% perfekt sein. Perfektion finde ich einengend und persönlich hier auch langweilig. 58,6% reichen auch. Und dann wird ausprobiert, Feedback von Dritten und potenziellen Kunden eingeholt, das Feedback verarbeitet, ein neuer Prototyp gebaut und auf ein Neues. Innovieren am offenen Herzen und im Prozess. Aktives Machen und im Machen-Modus bleiben.

Darf ich dir das Tschüss anbieten?

Um mit Mut eine konsequent inspirierende und energetisierende Umgebung zu schaffen, solltest du Energieräuber und notorische Nörgler vermeiden. Baue dir einen erlauchten Kreis von Menschen auf, die dir ein wertschätzendes und kritisch-konstruktives Feedback geben, das dich und deine Idee weiterbringt und immer besser macht. Meckern ist super einfach und kommt schnell über die Lippen, aber ein wirklich wertschätzendes Feedback ist für dein Gegenüber eine Herausforderung und für dich Gold wert.

Erlaube dir gerne öfter einmal einen Mutausbruch.

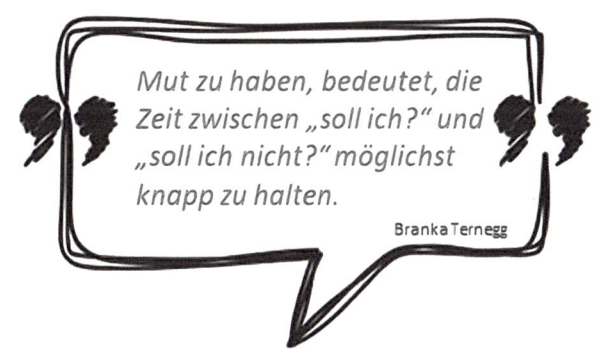

Mut zu haben, bedeutet, die Zeit zwischen „soll ich?" und „soll ich nicht?" möglichst knapp zu halten.

Branka Ternegg

Innovation-Sparring: Mut

- Wie kommst du ins Machen? Just for today? ;-)
- Was hält dich (noch) ab? Und warum? Sag aktiv Tschüss zu »Hätteritis«
- Wie kannst du positive Gewohnheiten nachhaltig etablieren?
- Wen kannst du involvieren, um Rat fragen, kooperieren, einladen, mit dir zu innovieren? Wer kann dich unterstützen und wer ist dein Mentor?

Deine Mind-Map: Mut

Mut

m3 Mantra

Unternehmen sind komplex. Nimmt man alle Mitarbeiter der DAX-30-Unternehmen, ergibt sich ein Mittel von 130.000 Individuen und das erfordert kluge Kommunikation, ohne Sprachfinessen und Buzzword-Bingo. Der Sinn von und der Wille zu Innovationen muss sich durch permanente Wiederholung manifestieren. Nicht vorrangig in der Kommunikation nach außen. Wenn Mitarbeiter angesichts einer Pressemitteilung über ihr Unternehmen fasziniert ausrufen: »Wow, so was machen wir? Wo, wann, wer?«, ist das kein Aushängeschild, sondern ein Zeichen dafür, dass das Unternehmen wahrscheinlich nur ein Bruchteil von dem, was nach außen kommuniziert wird, intern auch umsetzt. So wird interne Glaubwürdigkeit verschenkt.

Innovation ist ein permanenter Change-Prozess. Deshalb ist es umso wichtiger, dass das Neue, der Wandel, besonders intern immer wieder kommuniziert wird.

Dazu kommen mit der Generation Y neue Mitarbeiter in die Unternehmen, die konstruktiv-kritisch hinterfragen und die für Unternehmen arbeiten wollen, die authen- tisch, glaubwürdig und transparent das tun, was sie kommunizieren. Diese Mitarbeiter sind das Grundkapital eines jeden Unternehmens.

Aktuell steigt die Generation Y, die Millennials, in Management-Positionen auf. Diese haben ein ganz anderes Anforderungsprofil für sich definiert als ihre Elterngeneration, die Baby-Boomer. Bei den Millennials geht es weder um sichtbaren Status, wie den silbergrauer Mittelklassewagen mit Sportfelgen, noch um das Eckbüro mit Panoramafenstern und Teppichboden. Die Millennials wollen vor allen Dingen etwas »Sinnvolles« tun und das mit einem hohen Grad an Eigenverantwortung, Purpose, Erlebnis und Spaß.

Sparring ∞

- Welche Kanäle stehen für das kommunikative Mantra von Innovation zur Verfügung?
- Wie lässt sich Innovation spannend, neu und überraschend kommunizieren?
- Wie machst du immer wieder aufs Neue neugierig auf Innovationen?

79

- Wie wird in parallelen Kategorien und Märkten kommuniziert und was kannst du übertragen?
- Welche Purpose gibst Du?

Schneller & kürzer

Der Trend bei Nachrichten geht in Richtung Instant-Zugriff, Instant-Internet, Instant-Video, Instant-Feedbacks, Instant-Kommunikation, Instant-Aufmerksamkeit. Ganz nach dem Motto: Verschwende nicht meine Zeit und gib mir die relevanten und notwendigen Informationen in kurzer, knapper und präziser Form. Anschließend lass mich arbeiten – eigenständig und selbstverantwortlich.

Unternehmenskultur

Junge Unternehmen, und vor allem Start-ups, sind dafür bekannt, eine ausgeprägte Unternehmenskultur zu leben. Warum tun sie das? Weil die demografische Verjüngung und der damit einhergehende Wandel auf dem Arbeitsmarkt es verlangen.

Young Mindsets – und das sind für mich nicht nur die Generationen Z und Y, sondern auch Corporate-Freaks wie mich, die über 50, aber im Kopf deutlich jünger sind, lieben es, sich mit dem Neuen zu beschäftigen. Dazu wollen sie für Arbeitgeber arbeiten, deren Ziele, Visionen, Werte und Handlungen mit ihren eigenen vereinbar sind. Haben das alle Verantwortlichen wirklich verstanden? In der Konsequenz wird die Verwobenheit von interner Kommunikation, Kultur und Werten innerhalb der Firma immer enger. Es ist deshalb schon jetzt wichtig, diese Werte in die interne Kommunikationsstrategie zu integrieren und Wege darzustellen, diese Werte in den Firmenalltag zu integrieren. Es muss eine gesamtheitliche Erfahrung geschaffen werden, die die eine inspirierende Innovationskultur unterstützt und auf das nächsthöhere Level führt.

Anti-Präsenzkultur

Mitarbeiter aller Generationen schätzen größtmögliche Flexibilität in ihren Jobs: weniger Präsenzkultur und mehr Vertrauen in die Steuerung eigener Arbeitszeiten und Arbeitsplätze. Am liebsten in einer Art Work-Hybrid, eigenverantwortlich vor Ort und optional, von wo auch immer: zu Hause, im Garten, im Park. Ein Innovator-Pendant aus einem DAX-30-Unternehmen verweigert es, ein festes Büro zu haben. Er will auch kein flexibles mit morgendlicher Suche nach einem freien Schreibtisch oder coolem Roll-Container. Sein Rucksack ist sein Schreibtisch. Die Parkbank, das Casino oder die Cafeteria oder Desk in irgendeiner Abteilung (Marketing, Forschung, Sales, auch Controlling) ist sein »Büro«. So lernt er immer wieder neue Kollegen kennen, ist mobil-präsent. Kommuniziert wird über alle erdenklichen digitalen Medien und wer ihn persönlich treffen will, bekommt ein »Date« mit Koordinaten.

Die Herausforderung für die klassisch denkenden Führungsebenen ist dabei die mangelnde Kontrollierbarkeit der Mitarbeiter und das Vertrauen, dass man als Vorschuss zahlt. Aber: Vertrauen ist, wie gesagt, eine Währung, die sich nachhaltig hervorragend verzinst.

Kommunikationskanäle

Zum Glück haben wir heute praktisch eine unendliche Varietät an verfügbaren und effektiv zu nutzenden Kommunikations-Tools: persönliche Gespräche, Team-Events, E-Mails, Apps oder Videos. Ein Bild sagt mehr als tausend Worte, aber wusstest du, dass eine Minute Videomaterial 1,8 Millionen Wörter wert ist? Das sind 3.600 Seiten Text.[35]

Ein Video zu posten, erhöht nicht nur die Wahrscheinlichkeit, dass der Inhalt geteilt wird, sondern erhöht auch das Verständnis für deine Botschaft um 74%. Eine Kundenumfrage von Hubspot[36] zeigt, dass über die Hälfte aller Befragten (55%) ein Video ganz ansehen würde, während dies nur für 33% aller interaktiven Artikel und 29% aller Blogs der Fall ist.

---

35 http://simpleshow.com/de-de/blog/warum-ein-erklaervideo-mehr-sagt-als-18-millionen-worte/
36 Siehe hierzu Video #4: https://insights.staffbase.com/blog-de/interne-kommunikation-2017-trends-und-was-sie-tun-können

Warum sind die Online-Tutorials auf YouTube bei praktisch allen Generationen so erfolgreich? Videos sollten auf deiner Prioritätenliste also ganz oben stehen, wenn es darum geht, (komplizierte) Themen an deine Mitarbeiter weiterzugeben. Es ist sehr wahrscheinlich, dass ein großer Teil der internen Kommunikation, vom Training bis zu Ankündigungen, in Zukunft über Video laufen wird und auch hier gilt, einfach, kurz und knapp. Mit welchen Kommunikations-Tools erreichst du schnell und barrierefrei eine hohe Reichweite?

Inhalte von deinen und für deine Mitarbeiter

Innovation muss vom Top-Management gepusht werden. Genauso gilt jedoch auch die alte Shaolin-Weisheit: »*Lass andere für dich kämpfen.*« Warum nicht deine Mitarbeiter und Teams als Kommunikations-Booster nutzen? Sie sind die wichtigste Stimme deines Unternehmens. Auf in- und externen sozialen Plattformen haben deine Brains eine Stimme und können das Erstellen und Teilen von Beiträgen, Ideen und Gedanken unterstützen.

Die Stimme deiner Mitarbeiter kann authentischer sein als die der internen PR-Abteilung. Sie ermöglicht durch den Multiplikator-Effekt auch einen schnellen, weltweiten Austausch zwischen Standorten. Hinzu kommt, dass Inhalte, die von Mitarbeitern geteilt worden sind, glaubwürdiger und authentischer wahrgenommen werden, ähnlich wie Kundenrezensionen beim Online-Shopping. Sind die Mitarbeiter stolz auf dein Unternehmen, hältst du einen unbezahlbaren, kommunikativen Wert in deinen Händen.

Kommunikation & Gamification

Innovation und Spiel. Innovation und Spaß. Innovation und Gamification. Die Einbindung von spielerischen Elementen in das Tagesgeschäft kann auflockern und die Produktivität erhöhen und dabei helfen, die Ziele der Firma mit der der Mitarbeiter in Einklang zu bringen und auf ein höheres Level zu heben.

Spielbasierte Lernprozesse ermöglichen, sich auf entspanntere Art gegenseitig herauszufordern und auch einmal die eigene Komfortzone zu verlassen. Warst du schon einmal auf einer Spielemesse, wie der Gamescom in Köln? Wenn nicht, dann trau dich ruhig einmal rein in das Wirrwarr an flimmernden Bildschirmen und begeisterten Spielern.

Sparring ∞

- Wie kann ich meinen Kommunikations- und Innovationsprozess spielerisch gestalten?
- Was kann ich von den Games, online wie offline, lernen?

Probiere doch mal aus, ein Onboarding, ein Meeting oder einen Workshop über Gamification zu gestalten. Aufwendig programmiert oder mit simplen eigengestalteten Spielen, z.B. in Form von Trend- und Insight-Karten (z.B. in DIN-A6-Größe, d.h. in Form einer Postkarte, auf Karton gedruckt mit einem Kundenzitat oder Trendfakt auf der Vorderseite und einem passenden, gerne visuell provozierenden Bild auf der Rückseite, Brett-Innovationsspielen oder Online-Innovations-Games. Letztere haben den Vorteil, dass sie auch geografisch übergreifend eingesetzt werden können.

Digitale Kommunikation vs. Digital Detox

Der Job durchdringt unser persönliches Leben immer mehr. Heute ist es verführerisch, im Positiven wie Negativen, all unsere Projekte stets in Form unseres Smartphones dabei zu haben. Es ist einfach, 24/7/365 online zu sein und so arbeiten wir auf dem Weg von und zur Arbeit und oft selbst zu Nachtzeiten weiter. Um nicht den negativen Entwicklungen einer Burn-out-Gesellschaft in die Hand zu spielen, ist es essenziell, seinen individuellen Sinn zu finden und seine Energie richtig zu investieren und konstruktiv »Nein« zu sagen, d.h., sich auf die wirklich-wirklich wichtigen Dinge zu fokussieren. Eine ehrlich-wertschätzende und auf Stärken basierende Atmosphäre im Unternehmen befördert, dass Mitarbeiter zufriedener sind – und das jenseits von paranormalen Einflüssen.

Was macht den Unterschied, wenn zukünftig ein Großteil der aktuellen Job-Profile durch die Digitalisierung und Robotik verschwindet? Worin liegt (noch) der kompetitive Vorteil von Menschen gegenüber Maschinen? Es sind:

Empathie, Kreativität, Kommunikation, die menschliche Urteilskraft und soziale Kompetenz

Sparring ∞

- Was ist dein Skill-Set und kompetitiver Vorteil: Empathie, Kreativität, Kommunikation, Urteilskraft oder soziale Kompetenz?
- Wie nutzt du den unschlagbaren Vorteil von Emotionen?
- Wie setzt du spielerisch spielerische Elemente ein?

Kommunikations-Hybrid

Interne und externe Kommunikation werden sich immer ähnlicher. Die interne Kommunikation gewinnt an Bedeutung. Beide Kommunikationsformen sind unumgänglich miteinander verbunden, weshalb es wichtig ist, die Nachrichten sowohl auf das interne als auch auf das externe Publikum auszulegen. Der Ton und Fokus der Nachricht ändern sich zwar, aber in beiden Fällen sollte nichts über-

mittelt werden, das nicht auch für das jeweils andere Publikum geeignet wäre.

Es wird eine zentrale Kommunikationsaufgabe von Unternehmen, einen effektiven Kanal zu finden, der sowohl schnell als auch interaktiv ist und es mittels hoher Reichweite schafft, alle Mitarbeiter zu erreichen. Diese Geschwindigkeit wird vor allem durch mobile Kanäle erreicht. Auch hier gilt es, Einfachheit, Schnelligkeit, Transparenz und Vertrauen zu schaffen. Und es gilt ferner, mantraartig die immer wiederkehrende Wiederholung in der Kommunikation doppelt zu unterstreichen. Gute, unterhaltsame und effektive Kommunikation ist eine Kunst und Gratwanderung zwischen zu wenig, zu viel, zu nervig.

Sparring ∞

- Welche Kanäle kannst du für das kommunikative Mantra von Innovation nutzen?
- Wie schaffst du eine smarte Balance aus zu wenig und zu viel Kommunikation?

Heute steht eine praktisch unendliche Masse an Kommunikationsmittel zur Verfügung: Mitarbeiter- und Zielgespräche, Town-Hall-Meetings oder einfach einmal beim Lunch, interne On- und Offline-Magazine, E-Mails und Videobotschaften.

Ich bin mir sicher, dass du spontan viele weitere Ideen hast, wie das Thema Innovation auch über ungewöhnliche Wege kommuniziert werden kann. Nutze Inspirationen aus komplett anderen Branchen und Märkten. Welche Art der Kommunikation spricht dich persönlich privat an und kannst du diese Art der Kommunikation in dein berufliches Umfeld transferieren? Weg von dem erhobenen und belehrenden Zeigefinger oder panikmachenden Alarm-Modus. Hin zu optimistischen Storys und Best-Practice-Cases. Auch dezent kommunizierte Worst-Cases aus anderen Bereichen und Industrien, wo man Entwicklungen schlichtweg verschlafen hat, können ein lauter Weckruf im positiven Sinne sein.

Man kann nicht nicht kommunizieren.

Paul Watzlawick

Innovation-Sparring: Mantra

- Welche Kommunikations-Tools nutzt du bereits heute?
- Welche Tools aus anderen Bereichen (Kindergarten, Sport) könnten in das Unternehmen übertragen werden?
- Wie kommunizierst du das Thema Change, Innovation und Sinn spielerisch-effektiv?

Deine Mind-Map: Mantra

Mantra

Faktor drei: INVESTIEREN – Was sind die Basisinvestitionen für Innovationen?

Routinen hinter sich zu lassen. Die Wirtschaft kommt ohne sie nicht aus. Ich erlaube mir das Gandhi-Zitat:

*»Sei du selbst die Veränderung,
die du dir wünschst für diese Welt.«*
Mahatma Gandhi

Für unseren Kontext ein wenig zurechtgerückt, könnte man auch formulieren: *»Sei du selbst die gelebte Neugierde und Inspiration, die du dir von anderen wünscht.«*

i1 Ich

Es fängt mit dir und deiner persönlichen Einstellung an. Innovation braucht Selbstdenker. Menschen, die bereit und in der Lage sind, den Alltag auszublenden und die

Versuchsratte oder aktiver Gestalter?

In über 20 Jahren aktivem Innovations-Management habe ich so viele Jammer-Manager in den diversen Unternehmen und Industrien kennengelernt, dass ich mich manchmal selbst über mich wundere, dass ich immer noch so für Innovationen brenne. Aber vielleicht gerade deshalb. Jammern ist immer einfacher als Handeln, und gerade hier in Deutschland haben wir eine ganz vorzügliche Jammerkultur. Beklagt wird vor allem die mangelnde Motivation Dritter.

Es gibt viele Leader mit einer mangelhaft ausgeprägten Empathie, aber kann man ihnen vorwerfen, dass sie nicht in der Lage sind, motivierende Rahmenbedingungen zu schaffen? In meinen Augen ist das nicht ihre originäre Aufgabe. Lies dazu noch einmal in Faktor eins meine Ausführungen zur »motivierenden Grippe«. Als Führungskraft musst du in der Lage sein, motivierende Rahmenbedingungen zu schaffen und die intrinsische Motivation deiner Mitarbeiter zu begünstigen (siehe dazu Faktor drei). Und deine Mitarbeiter erwarten von dir nicht ständig Fleiß- und Lobkärtchen für ihre Leistung, sondern Haltung, Visionskraft, Perspektiven, Optimismus und neue Optionen. Mit welcher Perspektive kannst du dein Team begeistern?

Wer nicht will, findet Gründe. Wer will, findet Wege.

Vergangenheitsperspektive vs. Zukunftsperspektive

Vergangenheitsperspektive	Zukunftsperspektive
• von der Vergangenheit getrieben, im »Früher-war-alles-anders-und-besser-Modus«	• von der Zukunft inspiriert und motiviert, d.h. Zukünfte antizipieren
• produktzentriert und eher von innen nach außen	• kundenfokussiert und von außen nach innen
• funktional und rational	• eher emotional und optimistisch
• bestandsverwaltend	• spielerisch
• beharrend in Organisationen	• dynamisch-fluid und pragmatisch
• durch (eigene) Paradigmen beschränkt	• (smart) regelbrechend
• Angst vor Blamagen	• kühn und durch Chancen motiviert
• dressiert	• eigenverantwortlich
• Schwächen	• Stärken
• ...	• ...

88

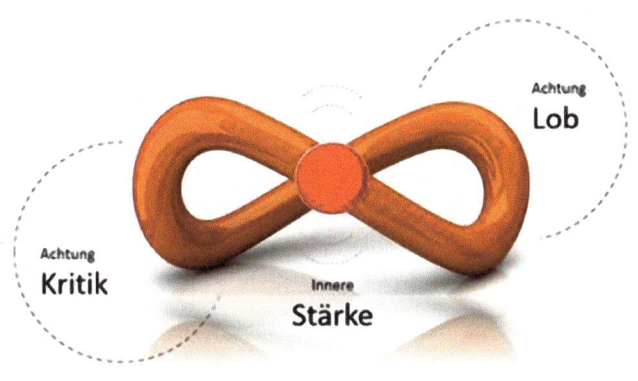

Bist du süchtig nach Lob und Schulterklopfen? Stopp! Mach dich frei von negativer Kritik oder übertriebenem oder gespieltem Lob. Nimm konstruktive Kritik, im Negativen wie Positiven, an, atme durch und komm wieder zurück in die Mitte, in die Balance deiner inneren Stärke. Hast du diesen Punkt einmal für dich gefunden und definiert, bist du praktisch unbeeindruck- und unbeeinflussbar von Dritten. Du ziehst deine Stärke, deine Kraft und dein Vertrauen aus dir selbst und nur aus dir selbst.

Eigenverantwortung vs. Paralyse

Risikominimierung, Vollkasko-Denken und Absicherung sind in vielen Unternehmen häufig anzutreffende Denkschemata. Deshalb wird oftmals bis zur Paralyse und Erschöpfung analysiert, bis jede einzelne Zelle in der Excel-Tabelle glüht. Jedes untersuchte Detail mag zwar neue Erkenntnisse bringen, aber auch neue offene Fragen. Durch das ständige Jeden-ins-Boot-Holen und Jeden-fragen-Müssen verliert man zudem den Fokus. Die Folge: Ideenprozesse werden entschleunigt. Und bis die Analyse dann endlich fertig ist, haben dich schon zwei (neue) Wettbewerber überholt. Denn der »gefährliche Wettbewerb« kommt nicht von hinten, den erkennst du nicht im Rückspiegel – die (neue) Konkurrenz kommt rechts und links aus den Seitenstraßen, eigentlich 360 Grad und aus allen Richtungen.

Low-Brain Involvement, Konsens-Manager, Happy Underperformer – ich bin ein großer Freund von Eigenverantwortung und der festen Meinung, dass ich für meine innere Stärke und intrinsische Motivation selbst verantwortlich bin. Punkt. Und ich bin ein Fan von Fokus auf

89

Stärken stärken oder: Finde heraus, was du nicht kannst und dann lass es – konsequent.

Sparring ∞

- Wie reagierst du auf Umstände, auf in- und externe Einflüsse oder neue Barrieren?
- Wie kannst du dich immer wieder selbst anfeuern?
- Was brauchst du (noch), um – sinnbildlich gemeint – zu brennen?
- Und: Was kannst du nicht und an wen kannst du »es« delegieren?

Mein Hebel sind z.B. regelmäßige kleine Verträge mit mir selbst, gescribbelt auf Servietten oder in meinem Ideenbuch, das ich immer bei mir habe.

Sparring ∞

- Welchen zusätzlichen und unerwarteten Weg, welche Extra-Mile gehst du in den nächsten vier Wochen?
- Welche rote Linie wirst du in diesem Jahr überspringen, d.h., deine Komfortzone konsequent verlassen?
- Wo findest du neue Impulse für dich?

- Was machst du j-e-t-z-t einfach? Und wenn du jetzt etwas einfach machst, dann mache es einfach und denk nicht zu kompliziert und über den Prozess ausschweifend.
- Was steht in deinem Vertrag mit dir selbst?

Du kennst die klassischen Vorstellungsrunden in Workshops: »*Mein Name ist xxx und ich bin Senior irgendwas in der Abteilung y ...*« Das streichelt dein Ego zwar kurzfristig, doch eigentlich interessiert das einen Toten, oder? Spannender wird es, wenn man eine kleine Zusatzfrage in die Vorstellung einbaut. Mit dem Hinweis, dass bitte keine Titel genannt werden, frage ich meine Teilnehmer gerne: »*Für was wirst du bezahlt?*« Diese einfache wie schlichte Frage kann gestandene Manager schon mal ins Schleudern bringen. Aber nach einer kleineren Phase der Besinnung kommen dann meist die wirklich spannenden Antworten. Antworten, die sehr viel mit den eigenen Stärken und dem eigentlichen Talent zu tun haben.

Sparring ∞

- Für was wirst du bezahlt?
- Was ist deine Wirkung?
- Was ist dein *Purpose*?

Die Helikopter-Leader

Noch einmal kurz zu den Führungskräften. Neben den Helikopter-Eltern gibt es auch die Spezies der Helikopter-Leader. Sie meinen, ihre Teams ständig mit Lobkärtchen motivieren zu wollen, dann kommen Incentives jeglicher Art, gefolgt vom nächsten Motivations-Dominostein. Erwiesenermaßen haben diese Maßnahmen, wenn überhaupt, nur eine kurzfristige Wirkung. Schwerer wiegt, dass man sich damit in einen Teufelskreis permanenter Motivation begibt. Das erhöht den Druck auf die Führungskräfte, die Leistungsbereitschaft der Mitarbeiter stets steigern zu müssen. Eine Aktion der vermeintlichen Mitarbeitermotivation jagt die nächste. Diese Motivations-Dauerberieselung hat jedoch zur Folge, dass die Mitarbeiter mental abstumpfen und nur auf die nächste Möhre warten, wie Lemminge hinterhertrotten. So befördert man die Erwartung, dass es die Aufgabe des Unternehmens ist, mich zu motivieren, Leistung zu erbringen. Ergo wird noch mehr in die Mitarbeitermotivation investiert. Eine Endlosschleife, die dazu führt, dass die entsprechende Erwartungshaltung der Mitarbeiter verstärkt wird. Die Folge: Die Mitarbeiter werden immer inaktiver und reagieren nur noch.

Warum machen viele Führungskräfte dieses Spiel, bei dem alle nur verlieren, mit? Dies liegt häufig darin begründet, dass die Leistung einer Führungskraft auch an der Leistung ihrer Mitarbeiter gemessen wird. Deshalb greifen viele Führungskräfte ständig in die Motivations-Tool-Box. Hinzu kommen Druck und Angst, dass die Leistung der Mitarbeiter sinken könnte und man als Leader als Versager dasteht. In einem DAX-100-Unternehmen sagte eine Führungskraft wortwörtlich: *»Jens, ich muss das so machen. Nur noch sechs Jahre und dann ist meine Hypothek für unser Haus bezahlt.«* Ich denke, da hat er sich verrechnet und im Endeffekt mit seiner Würde bezahlt.

So wie seelische Gesundheit mehr als die Abwesenheit von psychischen Störungen ist, ist Motivation mehr als die Abwesenheit von Nicht-Motivation. Dies belegt unter anderem der Ansatz der Positiven Psychologie, die vom US-amerikanischen Psychologen *Martin Seligman* Ende des 20. Jahrhunderts entwickelt wurde. Schauen wir uns im nächsten Kapitel die Kernpunkte der Positiven Psychologie einmal an. Und – nebenbei bemerkt – das hat nichts mit Tschakaa, glühenden Kohlen oder leuchtenden Duftkerzen zu tun.

Denken in Defiziten und Mangel führt nicht zum Ziel

Bis etwa Mitte des 20. Jahrhunderts beschäftigte sich die Psychologie überwiegend mit dem Abbau von Leidensdruck und negativer psychischer Symptomatik. Mit der Positiven Psychologie, die in den 1950er-Jahren von *Abraham Maslow* begründet und in den 1990er-Jahren von *Martin Seligman* weiterentwickelt wurde, wendete man sich den Bereichen zu, die den Menschen stärken und sein Wohlbefinden konstituieren. *Martin Seligman* begann, sich folgende Fragen zu stellen:

- Was macht das Leben lebenswert?
- Wann sind Menschen glücklich?
- Wie kann man Glück messen?
- Wie lässt sich subjektives Wohlbefinden steigern?

Ziel der Positiven Psychologie ist es, Menschen glücklicher zu machen. Sie sollen dabei unterstützt werden, positive Gedanken und positive Emotionen aufzubauen sowie Erfüllung und Sinn im Leben – inklusive dem Job als befruchtenden Teil des Lebens – zu finden. Der Überzeugung vieler Führungskräfte, ihre Mitarbeiter motivie-

ren zu müssen, liegen jedoch vor allem Angst, Kontrolle und Defizitdenken zugrunde. Das heißt, sie gehen von einem Mangel bei den Mitarbeitern aus. Ich weiß nicht, wieviel Geld investiert wird in SWOT- oder Stärken- und Schwächen-Analysen von Mitarbeitern. Und wie viel Energie und Zeit verblasen wird, an den Schwächen zu arbeiten. Das ist nicht nur humorlos, sondern auch eine irrwitzige Verschwendung an Ressourcen. Zielführender ist die Frage: Wie kann ich als Führungskraft meine individuellen Mitarbeiter mit ihrem individuellen Mix an Stärken so begleiten, dass bei ihnen intrinsische Motivation und final Zufriedenheit entstehen? Hierfür bietet die Positive Psychologie[37] spannende und funktionierende Ansätze.

Drei Booster für intrinsische Motivation

Die beiden US-amerikanischen Wissenschaftler *Edward L. Deci* und *Richard* M. Ryan beschreiben in ihrer »Self-Deter-

---

37 https://www.business-wissen.de/artikel/positive-psychologie-was-mitarbeiter-wirklich-motiviert/

92

mination Theory of Motivation«[38] drei zentrale menschliche Wachstumsbedürfnisse als Motor für die persönliche Entwicklung von Menschen und deren Wohlbefinden:

1. Autonomie
2. Kompetenz
3. Beziehung

Diese Bedürfnisse sind die Grundlage für das Entstehen intrinsischer Motivation und nachhaltiges Lernen. Die Herausforderung, aber auch das Schöne, ist, dass diese Bedürfnisse nie endgültig befriedigt sind. Sie sind im Verlauf unserer individuellen Lebensläufe, -phasen und Biografien und im Kontext der verschiedenen Anforderungen, die das Leben an uns stellt, immer wieder aufs Neue relevant.

Um uns täglich an unsere Wachstumsbedürfnisse zu erinnern, können wir sie uns als drei Gläser vorstellen, die

immer wieder aufgefüllt werden müssen. Wie können Führungskräfte ihre Mitarbeiter dabei begleiten und unterstützen, dass ihre drei »Bedürfnis-Gläser« gefüllt bleiben?

Autonomie stärken: Das Wachstumsbedürfnis Autonomie stärken Führungskräfte unter anderem damit, indem sie ihre Mitarbeiter aktiv an der Gestaltung der relevanten Ziele ihrer Arbeit beteiligen oder sie diese sogar selbst bestimmen lassen. Relevant ist dabei nicht nur der reale Grad der Selbstbestimmung, sondern auch die gefühlte Entscheidungsfreiheit. Führungskräfte sollten daher auf die Stärken, Lösungskompetenz und Eigenverantwortung ihrer Mitarbeiter vertrauen. Sie sollten alternative Sichtweisen aufzeigen und durch gezieltes Nachfragen ihre Mitarbeiter mit in die Verantwortung nehmen: »Was ist Ihr Vorschlag?« »Wie würden Sie das Problem lösen?«

Kompetenz stärken: Als kompetent erleben wir uns dann, wenn wir das Gefühl haben, etwas selbst bewirken zu können. Das Glas »Kompetenz« füllen Führungskräfte, indem sie dem Können der Mitarbeiter vertrauen und deren Selbstwirksamkeit zum Leuchten und Blühen brin-

---

38 Deci, Edward L.; Ryan, Richard M. (2017): Self-Determination Theory: Basic Psychological Needs in Motivation, Development, and Wellness. New York, London: Guilford Publications.

gen. Wichtig ist dabei, ein schnelles Feedback zu geben, das sich auf konkretes Handeln bezieht. Je konkreter sie Feedback geben, desto besser fühlen sich die Mitarbeiter betreut. Mitarbeiter sollten auch reflektieren, welche ihrer individuellen Stärken sie für die Lösung einer Aufgabe oder für das Entdecken neuer Ideen eingesetzt haben. Dadurch wird den Mitarbeitern selbst bewusst, wie sie den Erfolg aus sich heraus bewirkt haben und wie sie die Kompetenz selbst und bewusst in Zukunft einsetzen können. Ein wesentlicher Schritt, um die innere Motivation zu stärken: Wer möchte nicht (s)ein eigenständiger und erfolgreicher Gestalter sein?

Beziehung stärken: Mit der Haltung »*Sie haben die Lösung in sich*« stärken Führungskräfte bei ihren Mitarbeitern das Wachstumsmotiv Beziehung. Durch das Gefühl, als Individuum wahrgenommen und ernst genommen zu werden, entsteht menschliche Nähe. Erlebt sich ein Mitarbeiter hingegen primär nur als Teil der Human Resource oder Human Capital, als Mittel zur Erreichung unternehmerischer Ziele, entsteht keine echte Bindung, sondern eher innere Kündigung und mentaler Tod auf Raten. Eine Begegnung voller Wertschätzung, die geprägt ist von der Haltung »*Ich*

schenke Ihnen meine volle Aufmerksamkeit« fördert hingegen den Zusammenhalt und eine stärkere Beziehung.

»Life isn't about finding yourself. Life is about creating yourself.«
Georg Bernhard Shaw

ODER:

Die Basis der Innovationsfähigkeit ist der Glaube an die eigene Kreativität.
Du hast ein individuelles Talent.
Du bist kreativ!

Edward L. Decy und *Richard M. Ryan* führten auch die Begriffe intrinsische und extrinsische Motivation in die Positive Psychologie ein. Wer intrinsisch motiviert ist, engagiert sich eigeninitiativ voller Leidenschaft. Eine intrinsische Motivation erhöht also neben der Leistungsfähigkeit auch die Ausdauer beim Lösen von Herausforderungen und Problemen. Zudem gehen intrinsisch motivierte Personen Aufgaben und Herausforderungen »anders« und kreativer an. Das belegen z.B. Studien[39] der US-amerikanischen Forscherin *Barbara Fredrickson*. Ein weiterer positiver Nebeneffekt neben Leidenschaft und gesteigerter Kreativität ist, dass die Personen einfach echten Spaß haben an dem, was sie tun.

»Ich bin gerade etwas neben der Spur und das ist schön da.«
Unbekannt

Positive Gefühle wirken in die Zukunft. So ist das auch bei Mitarbeitern. Wenn sie ihrer Arbeit mit positiven Gefühlen begegnen, meistern sie auch leichter vermeidliche Schwierigkeiten. So müssen Führungskräfte seltener intervenieren bzw. unterstützend aktiv werden und damit werden

sie selber auch entlastet. Schon deshalb lohnt sich eine Beschäftigung mit dem Ansatz der Positiven Psychologie.

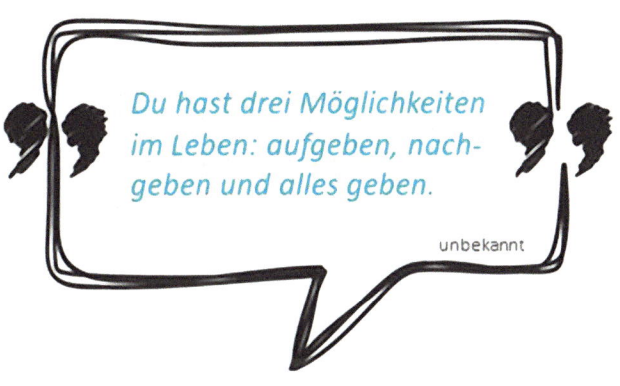

Du hast drei Möglichkeiten im Leben: aufgeben, nachgeben und alles geben.

unbekannt

Innovation-Sparring: Ich

- Wie füllst du täglich deine »Bedürfnis-Gläser« nach Autonomie, Kompetenz und Beziehungen?
- Über 120 Milliarden Euro pro Jahr kosten unmotivierte Mitarbeiter alleine in Deutschland. Gehörst du dazu?
- Wie steigerst du deine intrinsische Motivation?
- Bist du dir deiner Selbst bewusst?
- Wie schaffst du dir mehr »positive Gefühle«?

---

39 Siehe https://www.ncbi.nlm.nih.gov/pmc/articles/PMC3122271/ sowie Fredrickson, Barbara (2009): Positivity: Top-Notch Research Reveals the Upward Spiral That Will Change your Life.

Deine Mind-Map: Ich

Ich

i2 Inspiration

Das Gefühl, Neues zu entdecken, ist unbezahlbar. Die gute Nachricht: Innovativ zu sein, ist ganz einfach! Die zweite und noch bessere gute Nachricht: Es ist alles da! Die schlechte Nachricht: Du musst das, was da ist, sehen, aufnehmen und mutig neu kombinieren. Als Kinder konnten wir ganz aus uns selbst heraus innovativ sein, etwa, wenn wir Kissenhöhlen bauten, Spiele erfanden – all das auch ohne Gebrauchsanleitung. Erinnerst du dich noch daran?

Für viele Menschen ist eine echte Herausforderung, Neues zu sehen und daraus Inspiration zu schöpfen. Sie sehen die unendliche Anzahl von Möglichkeiten einfach nicht, laufen mit Scheuklappen durch die Welt und wundern sich, dass andere auf die doch so naheliegende Idee gekommen sind. Eigentlich kann man den Nicht-Sehenden keinen Vorwurf machen. Sie haben es einfach verlernt, neugierig und mit weit aufgerissenen Augen durch die Welt zu gehen, weil sie mit ihren durchgetakteten Kalendern kaum Zeit zum Durchatmen, zum Freunde treffen und Netzwerken und erst recht keine Zeit für inspirierende Momente haben.

Inspirationen sind wie das Glückshormon Dopamin für dein Hirn. Die entscheidende Frage für Unternehmen ist also nicht nur, wie das Neue, das Frische ins Unternehmen kommt, sondern vor allem, wie es im Stande ist, das Unternehmen, seine Strukturen und jeden einzelnen Mitarbeiter zu durchdringen? Elementarer Baustein in den Vorstufen von Innovationsprozessen ist das Fuzzy-Front-End des Innovationsprozesses, welches Inspirationen aus allen verfügbaren und merklich noch nicht verfügbaren Quellen schöpft: Consumer Insights, Trends, Szenarien, Netzwerke oder auch fremde Quellen und zufällige Kontakte oder kreative Crowds. Im Endeffekt ist es unerheblich, woher die Inspiration, der Impuls zur Innovation gekommen ist oder wer die Initialzündung gegeben hat?

Cool, ein Problem!

Bevor wir in die schier unerschöpfliche Quelle kreativer Impulse eintauchen, sollten wir die vielleicht wichtigste dieser Quellen betrachten: Probleme. Probleme sind ein großartiger Impuls für Innovationen, denn die meisten Innovationen beruhen auf Dingen, die die Menschen ärgern oder ihnen Probleme bereiten, Stichwort: *Pain-Points*. Wer keine Probleme sieht oder noch schlimmer, nicht sehen will, hat ein Problem!

Ein Problem kann für den einen in höchstem Maße ärgerlich sein, wie Flecken, die das Lieblingskleidungsstück verhunzen und sich hartnäckig weigern, sich entfernen zu lassen. Für den anderen ist das eine Lappalie. Ihn ärgert viel mehr das benutzerunfreundliche Design seines Musik-Gadgets, weil es einfach nicht zu seinem coolen Stil passt. Probleme sind subjektiv und höchst individuell. Und sie sind eine großartige Chance, um daraus innovative Lösungen zu entwickeln.

Anti-Scheuklappen-Effekt

Wie findet man Probleme? Eine Möglichkeit ist, deine Kunden zu beobachten. Werde – im freundlichen Sinne – ein Kunden-Stalker: Was nervt deine Kunden und welche Probleme haben sie? Welchen Ritualen folgen sie? Was sagen sie bewusst und was machen sie unbewusst (die 5%/95%-Regel)?

Deine Kunden schenken dir Probleme.

Die Fähigkeit, Probleme zu finden, zu entdecken und in Lösungen zu transferieren, ist ein fantastisches Talent.

Und natürlich gibt es auch dafür ein Buzzword: Consumer Insight.

Consumer Insight wurde von mehr Unternehmen um die Jahrtausendwende herum als Zauberimpuls entdeckt und generiert bei Google Hunderttausende Treffer, mit fast ebenso vielen Definitionen. Persönlich habe ich ab Anfang 2000 viele Methoden für Consumer Insight mitgestaltet. Wenn ich das heute in Keynotes erzähle, Beispiele nenne und in die Runde frage, wer gemeinsam mit seinem Kunden innoviert, bin ich jedes Mal fassungslos, wie viele Unternehmen diese wunderbare Chance und Inspirationsquelle immer noch nicht nutzen oder negieren, dass ihre Kunden Probleme haben. Voraussetzung für die Anwendung von Consumer Insights ist, dass man sich traut, den Glauben aufzugeben, den Kunden und seine Bedürfnisse und Wünsche bereits zu kennen und alles bereits zu wissen.

»Du musst mit den Kundenerlebnissen starten und dich zur Technologie zurückarbeiten – nicht andersherum.«
Steve Jobs

Ein Blinddate mit deinem Kunden

Kennst du das Kinderspiel »Ich sehe was, dass du nicht siehst und das ist …«? Hast du es schon mal mit deinen Kindern gespielt oder erinnerst du dich an deine Kindheit? Kinder sehen immer andere Dinge als wir Erwachsenen. Der wahrscheinliche Grund hierfür: Sie haben keine mentale Blindheit und vor allem keinen Bewertungsmodus. Wie finden wir nun »neue« Kundenprobleme? Wie spielen wir im Innovationsalltag »Ich sehe was, was du nicht siehst«? Sicher nicht durch vorgefertigte Denkmuster und Paradigmen, durch egozentrische Sichtweisen oder Arroganz. Innovationen beginnen stets mit dem Beobachten und Zuhören.

Ebenso sind das absolute Commitment des Top-Managements und Ressourcen wie Zeit und Geld unerlässlich. Was banal klingt, wird meist unterschätzt oder bagatellisiert.

In Vorträgen werde ich bei diesem Thema immer wieder gefragt: »Hey Bode, sag mal, welche Innovation stammt *eigentlich von deinem Kunden?«* Pardon, aber wer sich hinter einer solchen Fragestellung versteckt, hat die falsche Erwartungshaltung. Denn selbstredend liefern Kundenprobleme die Lösungen nicht frei Haus. Jeder Impuls ist nur so gut wie sein intellektueller und auf Innovation ausgerichteter Transfer. Wer von Kunden fertige Konzepte erwartet, hat die falsche Hoffnung. Wer aber mit offenen Augen beobachtet und zuhört, achtsam durch – in diesem Fall – die Haushalte geht und Beobachtungen nicht direkt bewertet, wird mit wertvollen Inspirationen belohnt.

Welche Methoden gibt es also, um potenzielle Chancenfelder zu definieren und Kunden aktiv in den Innovationsprozess zu integrieren? Im Folgenden stelle ich einige konkrete Ansätze sowohl für den B2B- als auch für den B2C-Bereich vor. Wie gesagt, es sind exemplarisch einige aus der Praxis und die Tools haben keinen Anspruch auf Vollständigkeit.

Homevisits

Besuche deine Kunden und Noch-nicht-Kunden aus dem B2C-Bereich in ihren eigenen vier Wänden. Das kannst du online als Video-Chat machen oder was ich vorziehe, persönlich besuchen. Live vor Ort kann man deutlich besser die Situation »lesen« und Körpersprache beobachten und über alle Sinne aufnehmen. Egal, ob Hausfrauen/-männer in ihren Wohnungen oder an Orten, wie Supermarkt, Tankstelle etc. Beobachte ihr Verhalten. Auch ein B2B-Kontakt, wie einen Handwerker in seiner Werkstatt, gibt dir wertvollen Aufschluss. Wichtig: Fahr dein Ego bei diesen Besuchen runter bis auf die Nulllinie. Eine Hausfrau interessiert sich nicht für den Designer-Anzug oder tolle Titel auf der Visitenkarte. Was banal klingt, habe ich in der Praxis oft erlebt: »Guten Tag, mein Name ist Peter von ..., ich bin Global Chief xy President und jetzt zeigen Sie mir mal Ihre Probleme mit ...« Die Haustür ist schneller zu, als du gucken kannst. Sprich bitte mit deinen Kunden immer auf Augenhöhe, egal, ob du aktiv bist im B2C- oder B2B-Bereich.

Do's and Dont's während eines Kundenbesuchs

- Kleidung: dem Anlass und Kunden entsprechend und eher casual als business-like.
- Freundliche, wertschätzende und aktive Gesprächsatmosphäre, keine Belehrungen.
- Fragetechniken, um das eher unbewusste Verhalten zu erfahren, 5W-Laddering-Technik, d.h. immer wieder eine Form der Warum-Frage nutzen und nach dem eigentlichen Motiv fragen und fragen und fragen. Bitte gib dich nicht mit einer ersten Antwort zufrieden, sondern arbeite dich durch die Anwendung alternativer Fragevarianten regelrecht durch, bis du zur eigentlichen Motivation des Verhaltens kommst. Stichwort: bewusstes vs. unbewusstes Verhalten.
- Offene Beobachtungen und wenn du Foto- und Videoaufzeichnungen machen willst, was ich immer empfehlen würde, dann bitte die Genehmigung vorher einholen.
- Ich weiß, es ist schwer, aber in diesem Stadium bitte keine Bewertungen, sondern beobachte, höre zu und lerne.

In welcher Umgebung du auch bist, im Privathaus einer Hausfrau/eines Hausmannes oder bei einem B2B-Kunden, sieh dich immer großzügig um. Kommst du z.B. aus der Ernährungsmittelindustrie und dich interessiert das Essverhalten, schaue bewusst auch weit nach rechts und links. Was siehst du sonst noch? Was nimmst du wahr? Wie ist dein Gastgeber eingerichtet? Welche Produkte werden konsumiert? Stelle auch hierzu Fragen, z.B. *»Was war die Motivation und der Grund für den Kauf oder Nutzung dieses Produktes?«* Alle Informationen zusammen ergeben wie ein Puzzle ein wunderbares Gesamtbild.

Hinterfrage und gehe tiefer, denn unterhalb der Oberfläche ist das Verborgene und das Spannende. Du kannst hier in zwei Phasen vorgehen: Das Beispiel dient exemplarisch, wenn es um die Pflege deines Autos geht:

- Provoziere mit »Was wäre wenn«-Fragen, z.B.: *»Wie würden Sie Ihr Auto reinigen, wenn Sie kein Wasser zur Verfügung hätten?«* Oder: *»Wie schaffen Sie ein Raumaroma in Ihrem Auto ohne Duftstoffe?«*

Sei der Kunde. Wenn wir als Beispiel Waschmittel nehmen, bitte die Hausfrau/den Hausmann, dir einen typischen Berg schmutziger Wäsche zur Verfügung zu stellen und sortiere dann selbst die Wäsche und befülle die Maschine. Das Learning stellt sich dann ein, wenn der Kunde korrigierend eingreift. Was mache ich »falsch« aus Sicht des

Kunden und warum? Welches Motiv steckt hinter dem jeweiligen Haushaltsritual? Auch hier ist wieder die Sprache, sind die verwendeten Wörter für spätere Konzepte wichtig.

Wie wird das Gelernte aufgearbeitet?

Teile dein Wissen und bereite es kurz und knapp, ideal als OnePager mit Bildern, auf. Aufgrund knapper Ressourcen, vor allem der Zeit, ist es sinnvoll, ein einfaches *Template* zur Verfügung zu stellen. Dieses Template sollte für alle wichtigen Punkte ein Eingabefeld vorsehen, also vollständig sein, durch die Eingabemasken aber schnell ausgefüllt werden können. Dies gibt den Kollegen die Möglichkeit, ohne größere Zeitinvestition, zu fokussieren und relevante Informationen zu nutzen, wie z.B.:

- Allgemeine Daten zu dem besuchten Haushalt (wer wohnt dort, Alter etc.)
- Allgemeine Beobachtungen/Einstellungen der Haushaltsmitglieder
- Individuelle Insights und Rituale
- Kundensprache und Bezeichnungen

- Problemfelder, Wünsche, auch erste Ideen/Verbesserungsvorschläge seitens der Kunden
- Pain-Points oder was nervt deinen Kunden einfach kolossal bei der Produktnutzung – auch, wenn es für seine »Pain« überhaupt noch keine Lösung gibt
- Zitate, Geschichten oder Beschreibungen als persönlich Erlebtes mit dem Produkt aus Kundensicht. Gerade hier können Kundenformulierungen und Umschreibungen hilfreich bei der Konzeptentwicklung sein.
- Was hat dich völlig »überrascht« bei deinem Besuch?
- Spontane erste Ideen.

Tagebuch

Ein anderes Tool, um tiefe, fast intime Insights zu generieren, sind Tagebücher, die z.B. für 14 Tage von Probanden gepflegt werden. Ich habe einmal eine Diary-Aktion gemacht, bei der es um Tagesabläufe und Touchpoints für Produktkonzepte ging. Dabei standen nicht spezielle Probleme im Fokus, sondern eher folgende Fragen:

- Wie sieht ein »normaler Tagesablauf« aus?
- Welche Ängste, Sorgen und Wünsche gibt es und wo gibt es Möglichkeiten, mit einem Konzept den Tagesablauf und die »täglichen Pflichten« zu unterstützen?

Solche Tagebücher sind zwar in der Auswertung aufwendig, aber eine faszinierende Quelle für die kreative Phase.

Die Erfahrung zeigt, dass solche Tagebücher so geschrieben werden, als würde sich die Person gerade mit einer guten Freundin unterhalten. Sie können durch Fotos, Zeichnungen und persönliche Geschichten angereichert werden. Gerade die verwendete Sprache ist eine inspirierende Quelle und ein guter Gegenpol zu den oft allzu rationalen firmeninternen Konzepten. Hier ist die Kunst, zwischen den Zeilen zu lesen.

Homevisits mit installierten Minikameras

Im Allgemeinen laufen rund 5% unserer täglichen Handlungen bewusst ab, weswegen man bei einem klassischen Interviewansatz in der Regel auch genau solche Antworten erhält: Antworten aus dem bewussten Verhalten. Eine Methode, um einen Einblick in die rund 95% der unbewussten Handlungen zu bekommen, sind Interviews in Kombination mit installierten Minikameras. In einem Versuchsaufbau wurden:

- Vor-Interviews geführt,
- eine Woche lang Videoaufzeichnungen mit drei installierten Minikameras aufgezeichnet und ausgewertet,
- Nach-Interviews durchgeführt, wobei Aussagen des ersten Interviews mit den Videos kombiniert wurden.

Die Diskrepanz zwischen dem Gesagtem und den tatsächlichen Verhaltensweisen war gravierend. Auch die Haushalte selbst waren teilweise irritiert über ihr eigenes Verhalten, das ihnen natürlich selbst gar nicht bewusst war. Der Benefit für die Produktentwickler war eine DVD-Collection, die jeden einzelnen Schritt einer Produktverwendung in Video-Kurzsequenzen aufzeigte, z.B.:

- Wie wird die Verpackung geöffnet und mit welchen Hilfsmitteln?
- Wie wird dosiert?
- Welche »Fehlanwendungen« werden mit dem Produkt gemacht?

- Wie werden die eigenen und die Wettbewerbsprodukte verwendet?
- Was macht man unbewusst und vor allem, wenn man sich unbeobachtet fühlt?

Eine interessante, qualitative Methode, um sehr tief in Haushalte einzutauchen. Allerdings ist dieses Tool natürlich nicht für jede Produktkategorie geeignet.

Mystery Shopping

Bewegst du dich mit deinen Produkten im FMCG[40]- oder OTC[41]-Umfeld, dann gehe shoppen. Denke dir eine Story aus und lass dich im Supermarkt, in der Apotheke oder bei einem Fachhändler beraten. Hinterfrage schonungslos, sammle Eindrücke und mache – mit Einwilligung des Händlers – Fotos von dem PoS-Umfeld. Du suchst z.B. Inspirationen für ein Premium-Konzept? Dann suche in

---

40 Fast Moving Consumer Goods = »Renner«-Produkte im schnellen Produktumlauf.
41 Over the Counter = z.B. rezeptfreie Medikamente.

parallelen Märkten und anderen Industrien nach Signalen, der Sprache, Materialien und Sinneseindrücken rund um Premium und übertrage es in deine Kategorie. Wie gesagt, es ist alles da, du musst es nur sehen und mitnehmen für dich und deine Inspiration.

Social-Listening, Blogs und Multiplikatoren

Interessant ist es auch, zu erfahren, wie in einschlägigen Blogs über Probleme und deine Produkte gesprochen wird. Wer sind die Meinungsführer und Multiplikatoren? Scanne und beobachte die Sprache, das Wording und setzte dir Alerts für sofortige Updates bei Neueinträgen. Bitte versuche nicht, Blogger zu belehren oder zu korrigieren, da das in der Regel nach hinten losgeht. Ebenfalls freimachen muss man sich von dem Bedürfnis, solche Einträge und Statements kontrollieren zu wollen. Weder Einfluss noch Kontrolle funktionieren auf solchen Kanälen, aber man kann sie wunderbar als Inspirationsquelle und qualitative wie quantitative Insights nutzen.

Experteninterviews

Märkte aus einer anderen Perspektive zu sehen und Experten und Profis zu integrieren, ist eine weitere gute Möglichkeit für wertvolle Insights. Bleiben wir bei dem Beispiel Wasch- und Reinigungsmittel:

- Interviews in den Haushalten und Unternehmen mit dem Reinigungspersonal/der Haushaltshilfe und deren Auftraggebern;
- Interviews mit Reinigungsprofis in Hotels. Wie ist das Ritual, wenn unter Zeitdruck ein Hotelzimmer gereinigt wird und welche Produkte und Hilfsmittel werden eingesetzt?
- Beobachtungen in Profiküchen oder Wäschereien;
- Besuch bei Produzenten von Verpackungen, Bausteinen der Produktvorstufe etc.

Welche Produkte werden wie verwendet? Welche Storys werden beschrieben und vor allem, welche Worte und Formulierungen werden verwendet? Wie ist der Ablauf, wenn ein Hotelzimmer gereinigt wird? Welche Sprachbausteine sind transferierbar?

Imaginäre Tagesabläufe

Als Diskussionsgrundlage ist ein visueller Transfer von Tagesabläufen ein eindrucksvolles Tool. Um mental schnell in die Schuhe deines Gesprächspartners schlüpfen zu können, kannst du einen Grafiker visualisieren lassen, wie z. B. der Tagesablauf aussieht von:

- DINK (Double Incomes No Kids = doppeltes Partnereinkommen, ohne Kinder)
- einer »Family Managerin« (alleinerziehende Mutter mit Teilzeitjob)
- einer fünfköpfigen Familie mit Hund
- einer Singlefrau, Studentin mit kaum finanziellem Spielraum
- einem Fernbeziehungs-Paar mit zwei Haushalten an verschiedenen Wohnorten
- einem Rentnerpaar mit drei Katzen und zwei Hunden.

Welche Herausforderungen haben die Beispielgruppen bei ihren täglichen Pflichten? Wo gibt es Touchpoints für die aktuelle Produkt-Range? Und wo gibt es White Spots im Sinne von Chancen für neue Konzepte und Services?

Communities

Neben der Marktforschung und Marktbeobachtung gibt es ein großes Angebot an freien und teilweise kostenlosen Insight-Quellen (im eigenen Unternehmen sowie durch Internetrecherche), die du nutzen kannst:

- Das eigene Callcenter oder die Kunden-Hotline deines Unternehmens: Wie wird gesprochen, welche Wordings werden benutzt, wo tut es »richtig« weh beim Kunden?
- Produkt- und Servicebewertungsportale im Internet
- (Experten-)Blogs und Chatrooms
  Über was schreiben die Menschen?
  Was ärgert sie?
  Was wünschen sie sich und vor allem, was steht »versteckt« zwischen den Zeilen?

Diese Quellen bieten ein »Buffet« an Insights und Sprachbausteinen, die effektiv in Produkt- und Servicekonzepte integriert werden können.

Dies ist nur eine kleine Auswahl an Consumer-Insights-Methoden. Viele haben die Kombination aus Beobachten,

Staunen und Hinterfragen verlernt. Probiere mutig Methoden aus und involviere deine Kunden aktiv in deine Inspirations- und Innovationsphasen. Sie funktionieren garantiert – egal, ob du die Entwicklung von Konsumgütern verantwortest oder im B2B-Bereich Handwerker oder Kranführer beobachtest.

Embrace the Future

Strategic Foresight und Trend-Scouting

Strategic Foresight ist eine zukunftsorientierte Denkphilosophie. Anticipate and lead. Es geht praktisch um strategische Frühaufklärung von der wahrscheinlichen Zukunft über verschiedene Zukünfte zu der angestrebten Zukunft (possible – probable – prefered[42]). Hier geht es konkret um die Identifikation und Analyse von noch schwachen Signalen für Trends und Veränderungen im Umfeld und

Markt, die die Zukunft des Unternehmens beeinflussen, im Negativen wie Positiven.

Bausteine sind hier:
- Recherche nach Trends, zukünftigen Veränderungen und Einflussfaktoren – in- wie externe
- Analyse der konkreten Auswirkungen auf das Unternehmen
- Erkennen von Risiken
- Erarbeitung von White Spots, Chancen und Ideen in Form neuer Lösungen.

Strategic Foresight ist ein kontinuierlicher Prozess, der eng mit dem Strategieprozess des Unternehmens verknüpft ist. Es kann aber auch als wiederholendes Projekt bearbeitet werden. Persönlich ziehe ich einen permanenten und parallelen Prozess vor und scanne praktisch jede verfügbare externe Quelle, chatte mit internationalen Trendexperten und Nerds. Noch intensiver ist es, diese Trends und deren Auswirkungen, Chancen und Risiken, live zu erleben. Zukunftstrends, jetzt erleben, in der Gegenwart.

---

42 Möglich – wahrscheinlich – bevorzugt.

Beispiel

Ist die Zielgruppe »Low-Income-Consumer« für dich strategisch relevant, ist es nett, wenn du hier Statistiken oder farbenfrohe PowerPoint-Charts liest. Deutlich und unbezahlbar intensiv wird es erst, wenn du einmal selbst aus deinem Wohlstand ausbrichst und einen Monat versuchst, mit einem limitierten Budget auszukommen, wie es z.B. eine RTL-Reporterin den ganzen Monat Mai 2018 versucht hat, mit einem Hartz-IV-Satz auszukommen. Live einen Trend erleben, bedeutet natürlich nicht, dass du das einen Monat aushalten musst, es geht einfach um die persönlichen Emotionen und Erfahrungen. Ich selbst war mit einem Team in Low-Income-Haushalten in Ägypten oder Kiew und die sensorischen Erlebnisse in Form von Bildern, Gerüchen, Geschmäckern, die Gespräche und die Blicke in den Augen der Menschen haben sich für mich für immer auf meine mentale Festplatte gebrannt und das eindringlich nachhaltig. Ein faszinierendes und unbezahlbares Erlebnis.

Wie können kurzfristige Trends live erlebt werden? (Zeithorizont 12 Monate)

Beispiel Trendwalk

Mit einem Innovations-Team habe ich für anderthalb Tage London besucht. Vor Ort wurden die Teilnehmer gemischt, d.h. Marketeers mit R&D-Kollegen, und in fünf Gruppen eingeteilt. Jeder bekam ein »Survival-Paket« mit einem Briefing, einige britische Pfund, Digitalkamera und einen Trend-Scout als Guide. Jede Gruppe hat ein anderes Gebiet erkundet, von Mainstream-Arealen bis zu neuen, wiederbelebten Stadtvierteln. Es wurden Hunderte von Fotos gemacht, Shops besucht, viele Gespräche geführt und Dutzende von Produkten eingekauft. Am Ende des Tages gab es noch einen zweistündigen Workshop, eine Sharing-Session, d.h., jede Gruppe hat seine Highlights und Erlebnisse vorgestellt, Geschichten geteilt und auch die Motivation für den Kauf des einen oder anderen Produktes und alles mit dem Ziel des konkreten Transfers in das operative Geschäft.

Wie können mittelfristige Trends live erlebt werden? (Zeithorizont 60 Monate)

Beispiel ethnografische Trend-Study

Wie finde ich Consumer Insights aus Trendsuchfeldern? Trends mit einer längeren Halbwertszeit, wie Design, Health, Simplicity, Convenience, Lohas,[43] entwickelten sich als zarte Pflänzchen und sind heute nicht mehr wegzudenken. Aber wie leben z.B. Lohas? Welche Werte sind ihnen wichtig? Welche täglichen Rituale haben sie? Informationsbausteine dieser Art kann man z.B. in Form von Homevisits bei Early-Adoptern und Trendpionieren recherchieren. Diese Haushalte werden durch spezielle Rekrutierungsfragebogen erkannt, besucht und befragt. Die Haushalte werden so ausgewählt, dass sie auf einzelne Trends direkt einzahlen: sozio-demografische, Gesellschafts- und auch Verhaltenstrends. Ich habe selbst eine Studie dieser Art gestaltet und mit einem Institut organisiert. Ausgewählte Haushalte wurden dabei jeweils in Tandems für mehrere Stunden besucht, befragt und beobachtet. Alle

Besuchsberichte wurden anschließend mithilfe von Psychologen und Soziologen ausgewertet. Das Ergebnis war ein rund 256-seitiger Report, prall gefüllt mit Storys, qualitativen Insights und Fotos. Das komplette Material wurde für die einzelnen Unternehmensbereiche und Marken ausgearbeitet und im Rahmen von Workshops mit interdisziplinären Teams in innovative Ansätze für das eigentliche Produkt übersetzt, aber auch in Richtung Verpackung, Kommunikation, Sales. Das war 360-Grad-Innovation und an ein Feedback erinnere ich mich immer noch besonders gerne: *»Jens, der Report liest sich wie ein Roman, er hat mich gefesselt und extrem inspiriert.«*

Wie können langfristige Trends live erlebt werden? (Zeithorizont mehr als 60 Monate)

Was passiert langfristig und welche Megatrends können dein Geschäft radikal beeinflussen? Gerade die langfristigen Entwicklungen sind herausfordernd, da sie weniger ad-hoc passieren, sondern mehr wie Lawinen in Slow-Motion. Sie kommen langsam, aber gewaltig.

Je größer der Zeithorizont, desto herausfordernder ist es natürlich, diese Entwicklung persönlich zu erleben.

---

43 Lifestyle of Health and Sustainability, also geprägt von Gesundheitsbewusstsein und Nachhaltigkeit.

Eine Möglichkeit, mental einen Zeitsprung zu machen, ist der Umgang mit Szenarien. Ein Zukunftsszenario ist eine detaillierte Beschreibung einer oder mehrerer möglichen Situationen in der Zukunft. Betrachtungsgegenstände können unter anderem sein:

- Konsumenten
- Märkte
- Umfelder
- Technologien
- Produkte und Unternehmen
- Geschäftsbereiche sowie
- globale Einflussfaktoren.

Das Hauptziel ist es, basierend auf der aktuellen Situation, Chancen und Erfolgspotenziale, aber auch Gefahren und Risiken der Zukunft zu erkennen und dementsprechend strategische Entscheidungen zu unterstützen. Parallel sind die erarbeiteten Szenarien ein sehr guter Filter für aktuelle Ideenlisten. Das bedeutet konkret:

- Welche Idee passt zu welchem Szenario?
- Zu welchem Szenario gibt es ggf. keine Idee?
- Wo sollte nachgearbeitet werden?
- Wo benötigen wir externe Inspiration und Support?

Der Vorteil der Szenario-Analyse ist die systematische Ermittlung zukünftiger Entwicklungsmöglichkeiten für einen Markt (oder ein Unternehmen, eine Technologie etc.). Darauf aufbauend werden Chancen/Gefahren und Handlungsoptionen abgeleitet und eine Art Risiko-Chancen-Alarm geschaffen. Als positiver Nebeneffekt wird das gemeinsame Denken in Zukünften und Alternativen trainiert. Das grobe Vorgehen erfolgt in diesen Schritten:

- Arbeitsfeld definieren, z.B. »Die Zukunft des Handels in 2028«
- In- wie externe Einflussfaktoren sammeln, die relevantesten Top-10 identifizieren
- Entwicklungsmöglichkeiten (Projektionen) der Einflussfaktoren in zwei/drei Miniszenarien
- Projektion übersetzen in Szenario-Entwürfe
- Hypothesen ableiten und Szenarien interpretieren in Chancen vs. Risiken
- Konkrete Aktionen und Verantwortlichkeiten definieren.

Auch hier bevorzuge ich den pragmatischen Ansatz und den aktiven Austausch mit in- und externen Experten gegenüber der Massenproduktion von Charts und reiner Theorie.

Visualisiertes Trend-Scouting

Trendbits

Quelle: rock brasiliano GmbH & Co. KG, Hamburg

Kinder brabbeln nicht nur, sie sehen und entdecken auch viel – vor allem auf der Straße. Dieses Wissen wird von ihnen adaptiert und findet fließenden Übergang in die eigene Handlungsweise. Analog zu diesem Prinzip funktioniert der systemische Ansatz der Trendbits.

Im Gegensatz zur klassischen Trendforschung, in der einzeln beobachtete Veränderungen beschrieben werden, also einem monothematischen Denken gefolgt wird, legt man bei Trendbits Wert auf Vernetzung und Kombinatorik.

Trendbits sind wie thematische Bausteine, die unterschiedlich – in der Logik linear, manchmal lateral – kombiniert werden und dadurch zu neuen Erkenntnissen führen. Dieser »spielerische« Umgang mit der Materie schafft Faszinierendes: Inspiration, Kreation und am Ende sauber abgeleitete Zukunftsprojekte.

»Wir lassen unsere Augen sprechen. Wir durchstreifen die Welt mit unseren Kameras und halten Ausschau nach Neuem. Und zwar nicht auf den prächtigen Einkaufsboulevards dieser Welt, wo sämtliche branchenführenden Konzerne ihre allzu großen Logos nur zu gerne präsentieren, sondern an Orten, wo Freude und Leid, Konsum und Gefahr dicht an dicht nebeneinander existieren – abseits des Mainstreams.
Das Neue ist meist leise und am Wegesrand zu entdecken. Häufig dort, wo aus der Not heraus neue Wege beschritten werden müssen. Wir dokumentieren diese Beobachtungen, prüfen deren solide Relevanz und leiten sie zielgenau ab.«
Philipp Hess, CEO, rock brasiliano GmbH & Co. KG, Hamburg

Ein weiteres Beispiel

Stell dir vor, du siehst auf einer Leinwand 20.000 Bilder, die nach Zeit und Ort sortiert sind. Was siehst du auf den ersten Blick? Chaos. Auf dem zweiten Blick verarbeitet das Auge die ersten Bilder und fängt an, sie zu vergleichen. Da die Bilder geografisch sortiert und zeitlich geordnet sind, können wir sie kombinieren. Ein spezieller Blauton, der im Januar 2017 in Mexiko eingefangen wurde, ist in New York zwei Wochen später zu sehen und im Mai auch in Berlin. Ein wirklich interessanter Blauton – und so hartnäckig. Wir entdecken den Farbton im Sommer auch in Korea. Er scheint eine wachsende Anhängerschaft zu finden, ohne dass er je im Mainstream gesichtet wurde. Dieser Farbton könnte sich als wichtiger Neuzugang für die zukünftige Farbpalette 2019 etablieren. Dies ist immens interessant für alle Industrien, deren Produkte über Farben zusätzlich mit Leben gefüllt werden. Ganz gleich, ob Auto, Mode, Architektur oder Food.
Im nächsten Step schauen wir, in welchen Kontexten dieser Farbton erscheint und siehe da: Die Farbe erhält neben der Mischung der Pigmente plötzlich auch eine sozialkulturelle Komponente. All dies sind wichtige Informationen für die Industrie. Denn ein neuer Farbton, der bereits mit einer gewissen Aufladung ausgestattet ist und noch nicht im Mainstream Platz genommen hat, birgt viel »Potenzial«. Ein Zauberwort,

das jeden Marketer aufhorchen lässt, denn es signalisiert neue Absatzmöglichkeiten. Das Blau wird somit zum »potenziellen« Markttreiber für Marken, Menschen und deren Motivationen. Mit Zufall hat diese neue Trendfarbe also wenig zu tun. Vielmehr mit sensiblen Beobachtungen, die in ein intelligentes System überführt wurden – das sind Trendbits.

Trends vs. Szenarien oder Manager Surprise und Weak Signals

Igor Ansoff entwickelte das Konzept der Weak Signals, der schwachen Signale – ein System der strategischen Früherkennung und eine Option, die »Trend-Empathie« oder die Sensitivität im Unternehmen zu erhöhen.

Schwache Signale werden gerne überhört und sie bekommen erst eine gewichtige Stimme, wenn es kritisch wird und sie bereits eine gewisse Rotation erfahren. Vage Signale, »neue« und bis dato unbekannten Ideen und Meinungen bekommen eine gewisse Potenz, wenn sie durch ihre Häufung und Verbreitung stärker werden. Corporate Mindfulness oder Achtsamkeit und Wahrnehmung

im Management. Die Verfasser der McKinsey-Studie »The strength of ›weak signals‹«[44] empfehlen unter anderem
- das Ausfahren der Antennen
- Sensibilisierung und Einbeziehung des Top-Managements
- Beobachtung von Kunden, Verhaltensänderungen
- interne Kommunikation.

Aber sollte das nicht *common sense*, also selbstverständlich, sein? Ist es nicht ein Muss, die *Dots and Insights* aus eher allgemeinen und externen Beobachtungen, wie Politik, Technologie, Wirtschaft, oder die direkt unternehmensrelevanten, wie Kunden, Wettbewerber, Vertrieb, Einkauf, Forschung und Produktlösungen, zu scannen? Ein absolutes und dreimal unterstrichenes Ja! Aus meiner Erfahrung ist die größte Herausforderung auch hier wieder, das Sehen und Erkennen und vor allem, die Kommunikation intern. Das ist eine Gratwanderung zwischen was wird toleriert und was löst ad-hoc panikartige Reaktionsmuster aus?

Wie findest du Weak Signals? Starte mit der Beobachtung im Netz. Persönlich würde ich mich als »pathologisch neugierig« bezeichnen. Daher habe ich mir eine Bibliothek an Newslettern angelegt. Ich bin Quer-Leser und achte hier besonders auf Häufungen von neuen Technologien, neuen Insights oder die Kommunikation über Verhaltensänderungen bei Konsumenten. Im Folgenden findest du eine Auswahl an Quellen.

Trends und Quellen

Für den Aufbau deiner eigenen inspirierenden Bibliothek, stelle ich dir noch ein paar Trendquellen zur Verfügung. Es ist meine Auswahl und ohne Anspruch auf Vollständigkeit. Wenn du meine persönliche Meinung und Empfehlung wünschst, freue ich mich auf deine E-Mail. Meine Kontaktdaten findest du am Ende des Buches. Genauso freue ich mich auch, wenn du deine mit mir teilst:
- 2b AHEAD – http://zukunft.business/
- BUTTERFLY – Agentur für Brand Strategy & Innovation – http://www.butterflylondon.com/
- cifs – Copenhagen Institute for Futures Studies – https://cifs.dk/

---

44 https://www.mckinsey.com/industries/high-tech/our-insights/the-strength-of-weak-signals

- EARSandEYES – https://www.earsandeyes.com/
- Euromonitor International – http://www.euromonitor.com/
- GlobalData – https://www.globaldata.com/
- Gottlieb Duttweiler Institute – http://www.gdi.ch/de/think-tank
- Kantar Futures – http://www.kantarfutures.com/
- La Futura – https://www.lafutura.org/
- Mintel – www.mintel.com/
- rock brasiliano & trendbits – http://rockbrasiliano.com/home/
- Shaping tomorrow – https://www.shapingtomorrow.com/
- Springwise – https://www.springwise.com/
- Statista – Das Statistik-Portal – https://de.statista.com/
- Stylus – http://www.stylus.com/
- Trend Hunter – https://www.trendhunter.com/
- Trend Watching – https://trendwatching.com/
- Trend one – https://www.trendone.com/
- Trendwolves – https://trendwolves.com/
- Unity Consulting & Innovation – https://www.unity.de/de/szenariotechnik/
- WGSN – https://www.wgsn.com/en/

- z-punkt – http://www.z-punkt.de/
- zukunftsInstitut – https://www.zukunftsinstitut.de/

Dazu nutze ich ein Netz an trendaffinen Brains in anderen Unternehmen und Branchen, Lieferanten und Partnern, weltweit reisende Trend-Scouts und meine persönliche Bibliothek an Twitter, Facebook und anderen Social-Media Feeds.

Patent- und Technologie-Scouting

Müssen wir alles selbst erfinden? Laut UNESCO-Daten[45] ist der Investitionsanteil für Forschung und Entwicklung (F&E), gemessen am Bruttoinlandsprodukt (BIP), in Südkorea mit 4,3 % am höchsten. Es folgen Israel mit 4,1 % und Japan mit 3,6 %. Deutschland steht in dieser Rangliste auf Platz 9, einen Platz vor den USA. Das führt zu einer Flut an Impulsen, Ideen, Technologien und Patenten, die weltweit verfügbar sind.

---

45 https://www.unesco.de/suche?search_api_fulltext=Investitionsanteil%20f%C3%BCr%20Forschung%20und%20Entwicklung%20(F%26E)%20gemessen%20am%20Bruttoinlandsprodukt

Das Technologie-Scouting kann in unterschiedlichster Art und Weise als Inspirationsquelle genutzt werden. Klassisch im Sinne von: Ich habe ein Problem und suche dafür eine Lösung und Technologie oder wir lassen uns durch Technologien aus völlig unterschiedlichen Branchen inspirieren. Genauso wie wir im Rahmen der Bionik von der Evolution und Natur lernen, sind branchenfremde Lösungen eine faszinierende Quelle.

Im Rahmen einer Marketing-Club-Veranstaltung war ich Gast bei einem Technology & Science-Unternehmen. Dort stand im Innovations-Center ein großer roter Würfel mit einer Art Tür- und Schubladensystem. Drückt man eine Tür auf, erscheint eine der mehr als 45 Technologieplattformen, die die Innovatoren nutzen und kombinieren, um permanent neue Produktlösungen zu finden: von Füllstoffen, Nanotechnologie bis hin zu Produkten für die Zahnheilkunde und Kieferorthopädie. Dieser Innovationsbereich wird natürlich auch genutzt, um gemeinsam mit B2B-Kunden in die wunderbare Welt der Innovation einzutauchen.

Quellen für das Technologie-Scouting sind die Datenbanken der Patentämter, Patent- und Literaturanalysen, (Fach-)Messen, Newsletter und vor allem das Netzwerken mit Universitäten, Forschungsinstituten, Start-ups oder anderen Industrieunternehmen. Hast du schon einmal mit Start-up Scouts kooperiert? Es hat etwas von einer Partnervermittlung nach dem Motto: »... und alle elf Minuten finden wir für dein Briefing das perfekte Start-up.« Es geht in beide Richtungen: push vs. pull. Entweder du briefst eine konkrete Fragestellung oder du lässt es offen, gibt's ein Suchfeld vor oder lässt dich von Start-ups »überraschen« mit neuen Inspirationen. Persönlich mag ich die zweite Variante besonders, da sie oft mit Dingen aufwartet, die man selbst nicht auf dem Radar hatte.

Zurück zu den Patenten. Verstehst du die Patentsprache? Persönlich habe ich mich mit der Sprache immer schwergetan, aber Gott sei Dank gibt es dafür auch hervorragende Patentanwälte und Datenbanken, die nach einem ähnlichen System arbeiten, wie die Start-up Scouts – beide sind ein sehr gutes Investment.

Durch die Vielzahl an Technologien müssen Unternehmen immer die Augen für neue Möglichkeiten offenhalten. Dabei sollten sie auch die Kreativität und Offenheit mitbringen, Anwendungen zu sehen, wo auf den ersten Blick überhaupt keine sind.

Der Große frisst den Kleinen vs. der Schnelle frisst den Langsamen vs. der kreative Macher den Nachahmer.

Im Kapitel »Ein Blinddate mit deinem Kunden« habe ich einige Methoden beschrieben, Insights und Informationsfragmente zu generieren. Diejenigen, die als Erste die Muster erkennen und diese in Opportunitäten übersetzen, haben einen entscheidenden Vorsprung. Denn es gibt eine Art Innovations-Darwinismus, der den schnellen Transfer in konsumentenrelevante Konzepte und Marktanpassungen begünstigt.

Und auch hier gilt der Gedanke der Wissensvervielfachung. Das Schöne am Wissen-Teilen ist, dass es sich dabei um ein Vielfaches potenziert. Dazu macht es auch noch Spaß, sich mit Dritten auszutauschen, im positiven

Sinne zu spinnen und Wissensbausteine in ein Innovationsfundament zu gießen.

Bitte nutze auch hierbei alle Wege der Kommunikation. Die besten Erfahrungen habe ich im persönlichen Austausch gemacht, z.B. über einen Kommunikationsraum. Wo ist immer am meisten los? Auf den Toiletten und an den Kaffeebars. Also warum in der Kaffee-Ecke nicht einfach Magnetwände aufhängen, Regale mit Magazinen und Büchern aufstellen, ein paar (skurrile) Produkte und die letzten Trend-Insights teilen. Die Kollegen und auch Partner, Lieferanten etc. einladen, das Gleiche zu tun. Schnell entwickelt sich so auch mit einem Mini-Budget eine hoch frequentierte Inspirationszone.

Eine weitere empfehlenswerte Maßnahme ist es, eine Art »Insight-Sharing-Plattform« zu schaffen: einen Raum, wo unterschiedliche Interessen rund um eine Kategorie oder Marke zusammenkommen, sich austauschen, eine gemeinsame Plattform finden und daraus gemeinsam Ideen und Konzepte kreieren. Ein Raum, der »tapeziert« ist mit Artikeln, Tabellen, Bildern, Produkten, Zitaten. Ein Raum, der anregt und inspiriert. Dieser Raum zur Inspiration funktioniert on- wie offline, wobei ich einen physischen vorziehe, da ich hier die Möglichkeit habe, Produkte sensorisch wahrzunehmen und direkt in eine persönliche Interaktion mit meinen Kollegen zu kommen.

Externe Querdenker und Netzwerke

Innovative Prozesse dürfen nicht in verschlossenen Containern und »Gedankensilos« ablaufen, sondern sie müssen Externe, wie kreative Konsumenten, Spezialisten und kreative Querdenker, in den Prozess integrieren. Der Vorteil liegt auf der Hand: Die Konzepte werden weniger überfrachtet, z.B. mit zu vielen Benefits. Hast du schon einmal versucht, fünf Bälle gleichzeitig zu jonglieren? Ähnlich schwierig ist es für einen Konsumenten, am PoS in Zehntelsekunden fünf Benefits aufzuschnappen, zu verarbeiten und zu verstehen. Wenn man konsequent speziell rekrutierte kreative und konstruktiv-kritische Konsumenten und Talente mit in die Konzeptphase einbindet, fallen Konzepte deutlich fokussierter und emotionaler aus.

Die (Außen-)Welt ist voller Inspirationen

Auch Messen, Netzwerke, Verbände, Zeitungen und Magazine aller Art und Trend-Datenbanken sind großartige Inspirationsquellen. Hier gibt es viele spannende Zukunft-Insights und Inspirationen, oft auch kostenlos.

Lass dich mental von völlig anderen Märkten, Kategorien und Einflussfaktoren befruchten. Welche Trends gibt es im Joghurtregal? Wie kommuniziert die Uhrenindustrie und welchen Transfer gibt es deinem Bereich? Sei mutig, auch skurrile Produkte zu diskutieren. Gerade Konzepte, die aus erster Sicht provozieren, sind wahre »Synapsen-Schubser« und wirken wie ein Dominoeffekt. Aus einer eher verrückten Idee entwickelt sich möglicherweise eine faszinierende, erfrischende und überraschend neue.

Sparring ∞
Stelle provozierende Thesen auf und rege das Denken in andere Bahnen und Dimensionen an.

Beispiel

- Die Hero-Methode: Wenn du z.B. Joghurts entwickelst, stell dir vor, ein Visionär wie *Elon Reeve Musk* würde einen Joghurt designen. Wie sähe seine Lösung aus? Die Verpackung, die Vertriebswege, der Geschmack? Wie würde der Joghurt von Super-Woman aussehen oder wie der von einer Marke wie Porsche?
- Welche Auswirkungen haben gesellschaftliche Trends, wie Convenience, neue Lebens- und Wohnmodelle, die Einkommensschere oder die Urbanisierung, auf deinen Bereich? Und welche Schnittmengen ergeben sich, wenn man Trends mixt: Convenience mit Single-Haushalten?
- Was kann dein bisheriges Geschäftsmodell – praktisch über Nacht – zerstören? (z.B. Energiewende)

Achtung, Killerphrasen!

Kennst Du das? Du führst etwas Neues in deinem Unternehmen ein, z.B. eine Consumer Insights Study, und schon erscheinen die Apokalyptischen Reiter mit den Top-3 der Killerphrasen, wie z.B. folgende:

- *»Ich arbeite schon seit Jahren auf der Marke und weiß, was der Kunde will.«*
- *»Eine Kundin ist nicht in der Lage, innovative Produktlösungen zu artikulieren.«*

- *»Nennen Sie mir doch mal ein innovatives Konzept, was vom Kunden gekommen ist.«*

Natürlich ist es unsinnig, zu erwarten, dass ein Haushalt gleich ein fertiges Patent formuliert. Insights in Form von Beobachtungen, Geschichten und Beschreibungen sowie Ritualen sind kleine Impulse. Impulse, die die Mitarbeiter in den Unternehmen selbst in konkrete Ideen und »sinnliche Konzepte« übersetzen müssen.

Die EGO-Falle

Abgesehen davon, dass es ein absolutes Muss ist, Kunden und Nicht-Kunden direkt zu involvieren, zeigen oben genannte Einwände einen Mix aus »gekränktem« Ego und Arroganz. Kulturwandel braucht seine Zeit. Hinter einer Ablehnung steckt oft ein hoher Grad an Unsicherheit.

Werde Inspirations-Explorer!

Werde zum (Welt-)Meister der Inspiration. Und gehe davon aus (ich wiederhole mich hier gerne einmal, zweimal und wenn es sein muss auch gerne öfter), dass alles da ist. Lerne es, zu sehen und nutze Dritte, wie Partner, Kollegen und Fresh Brains, um diese Inspirationsbausteine intellektuell zu verknüpfen.

Erstelle für dich und dein Team eine Inspirationsbibliothek. Dafür reichen einfache Regale und Palettenmöbel mit einer Prise Kreativität, dazu Magazine, auch branchenfremde, Bücher, Bildbände und physische Muster. So banal es klingt, die beste Location ist nahe an der vorher beschriebenen Kaffee-Ecke oder auf den Laufwegen zur Kantine. Wichtig ist auch, dass dieser Bereich offen ist für alle und nicht unter eine Art Herrschaftswissen fällt. Diese Art der Inspiration hat viel mit Try & Error zu tun: Es gilt, auszuprobieren und zu testen. Ich fahre z.B. sehr gerne regelmäßig zum Zeitschriftenhandel am Düsseldorfer Bahnhof oder Flughafen und stöbere in den skurrilsten (internationalen) Medien, die einfach schon durch ihr Layout und die Wordings inspirieren, kaufe sie und lege sie aus. Gehe immer wieder auf Expedition und Entdeckungsreise und werde Inspirations-Explorer.

Habe ich das richtige Problem?

Zum Schluss dieses Kapitels möchte das Eingangsstatement »Cool, ein Problem!« (siehe gleichnamiges Kapitel) wieder aufgreifen. Hast du ein relevantes Problem identifiziert, hinterfrage dich bitte ernsthaft, ob du damit das richtige Problem gefunden hast? Was ist der wirkliche Insight hinter deinem Problem?

Beispiel

Stell dir vor, du gehst an einem schwülen Sommertag in dein Lieblings-Shoppingcenter, und da du bei der Hitze vielleicht ein wenig gehfaul bist, nimmst du heute ausnahmsweise einmal den Aufzug. Die Tür geht auf, zu dir gesellen sich fünf weitere Personen. Das Schild im Aufzug signalisiert acht Personen mit einer maximalen Tragkraft von 800kg – passt. Du drückst den Knopf für den dritten Stock und der Aufzug setzt sich langsam, ruckelnd in Bewegung und du wirst unruhig. Dir ist die Aufzugfahrt definitiv zu bedächtig. Das ist ein Problem. Das ist dein Problem. Aber ist dein subjektives Gefühl, dass der Aufzug zu langsam ist, das wirkliche Problem? Welches Problem steckt dahinter?

- Ich habe Platzangst und will raus!
- Im Aufzug gibt es kein WLAN!

- Der Aufzug ist komplett geschlossen, kein Glas und ich kann nicht raussehen!
- Die dudelige Shoppingcenter-Musik nervt mich!
- Der Aufzug ist dreckig!
- Die Fahrt ist langweilig und vergeudete Lebenszeit!
- Alle, außer mir, liegen dezent über dem Durchschnittsgewicht der maximalen Belastung.
- Zwei der anderen fünf Fahrgäste dünsten dampfartigen Schweiß aus!

Verstehst du, was ich meine? Wenn du ein Problem identifiziert hast, egal, woher die Inspiration kommt (Kunde, Wettbewerber, Trend, Politik etc.), investiere bitte ein paar Denkrunden in die Frage: »*Habe ich das richtige Problem hinter dem Problem?*« Das ist eine der wichtigsten Fragen, bevor du in die eigentliche Ideenfindung einsteigst.

ABCD

Die Herausforderung liegt im kreativen Talent der intellektuellen Verknüpfung. Hierbei kann die Fähigkeit, quer und um die Ecke zu denken enorm helfen. Hast du dieses

wunderbare Talent? Oder hast du jemanden mit diesem Talent in deinem Team? Dann tue bitte (fast) alles dafür, dieses Brain zu behalten und zu fördern.

Viele Manager leiden an Inspirations-Amaurose[46] und sie sind nicht fähig, jegliche Art optischer Reize zu verarbeiten. Sieh hin! Mach deine Augen weit auf, noch weiter. Schau dich um, 360 Grad und zurück. Die Welt ist voll von fantastischen Inspirationen: Kunden, Trends, Wettbewerber, paralleler Märkte etc. Sieh die Punkte und »*connect the dots*«. Ich bin vorhin kurz auf die Hero-Methode[47] eingegangen. Einer meiner Heros ist *Richard Branson* und ich liebe seine freche, dreiste Art, aber auch das Genie in ihm, Chancen zu sehen. Branson wendet konsequent die ABCD-Methode[48] an. Sein Mantra: *Always Be Connecting Dots*. Trainiere es immer wieder, mit deinen Kollegen, mit Auszubildenden, mit deinen Kindern und mit sehr diversen Teams: »*Diversity breeds innovation*«. Seine Kreativität, herauszufordern,

---

macht extrem viel Spaß und du wirst über die Ergebnisse überrascht sein und wie kreativ du selbst bist.

Einen letzten Punkt in diesem Kapitel möchte ich dir noch mitgeben, auch wenn er auf den ersten Blick banal anmutet. Dass er dies bei Weitem nicht ist, zeigen schon aktuelle Megatrends.

Kunden erwarten immer mehr!

Die Erwartungshaltung der Kunden nimmt stetig zu. Früher haben wir einfach eine Pizza bestellt und heute?

- Wir erwarten einen intensiveren Geschmack, aber ohne Zusatzstoffe und E-Nummern.
- Wir erwarten vegetarische Pizzen im Angebot, am besten auch gleich vegan, glutenfrei, halal und koscher.
- Wir erwarten sensorische Explosionen.
- Wir erwarten eine Instantlieferung in maximal 15 Minuten.
- Wir erwarten lokale Zutaten mit transparenter Lieferkette.
- Wir erwarten freundliches und zuvorkommendes Personal, wenn nicht gar einen Concierge-Service.
- Und das alles zu einem fairen Preis.

Dieses Beispiel lässt sich auf praktisch jeden Industriezweig und jedes Produkt übertragen. Was ist deine Extra-Mile für deine Kunden, Noch-nicht-Kunden und für mehr Kundenzufriedenheit? Wie kannst du deine Kunden im positiven Sinne überraschen?

Balance-Board

In meinen Vorträgen zeige ich ein Bild von einem Balance-Board, dass du bestimmt aus dem Sportbereich kennst und drei Perspektiven: Technology-led (*make & sell*), Consumer-led (*sense & respond*) und Future-led (*anticipate & lead*). Stehe in Balance und nutze mindestens diese drei Perspektiven zur Inspiration.

Inspiration-Sparring: Kreativität

- Welche Inspirationsquellen nutzt du?
- Die Zukunft wird aus Mut gemacht. Welche Inspirationsquellen nutzt du (noch) nicht? Fang an, die ungewöhnlichsten und skurrilsten neuen Quellen zu suchen und in deine tägliche Arbeit zu integrieren.
- Wo gibt es ähnliche Herausforderungen wie in deinem Business, und wie lassen sich Lösungen eventuell übertragen (z.B. Weißgrad bei der Zahnpflege übertragen auf den Weißgrad der Wäsche)?
- Wie baust du Spontanität und einen mentalen Überraschungsmoment ein?

Kreativität ist Intelligenz, die Spaß hat.

Albert Einstein

Deine Mind-Map: Inspiration

Inspiration

i3 Idee

Technology-Push vs. Market-Pull

Kreative Abluft. Fantastische Technologien und Patente reichen nicht! Wenn dem so wäre, wären wir alle durch die frühe Investition in Bitcoins reich geworden, würden Segway fahren oder unsere Roboterhunde Gassi führen. Wesentlich ist, welchen konkreten Benefit der potenzielle Kunde aus deiner Idee zieht.

Für Innovationsprozesse wird gerne das Bild vom liegenden Trichter verwendet, der von links nach rechts immer kleiner und enger wird.

Wo in diesem Trichter bewegen wir uns als Innovatoren? Bist du eher der, der Konzepte mit Zahlen und Daten anfüttert? Bei mir ist es so, dass mein Job zu rund 50% ganz links bei der Ideenfindung stattfindet. Bei den anderen 50% bewege ich mich links außerhalb des Trichters und eigentlich sogar außerhalb des Charts – im Fuzzy-Front-End. Dieser vordere, kreativ-chaotische Teil des Innovations-

prozesses ist »fuzzy«, weil unstrukturiert, von Unsicherheit und Unschärfe geprägt und schwer planbar. Diese Unschärfe und Unplanbarkeit ist rational-strukturierten Menschen tendenziell eher unsympathisch. Umso wichtiger ist es, auch bei der Ideenfindung die Diversity des Teams immer im Auge zu behalten und zu fördern.

Sind Ideen ein Produkt des Zufalls? Sind geniale Geistesblitze nur wenigen Superhirnen vorbehalten? Ist die Fähigkeit, Ideen zu generieren, etwas für alle, etwas, das lernbar ist? Die gute Nachricht ist, dass Ideen praktisch unendlich verfügbar sind. Eine gewisse Systematik und Fokussierung im Sinne von Guided Creativity beschleunigt die Suche nach »neuen und guten Ideen«. Dazu gibt es die verschiedensten Quellen und Methoden.

Der Begriff »Idee« hat allgemein unterschiedliche Bedeutungen: Man versteht darunter einen Gedanken, nach dem man handeln kann oder ein Leitbild, an dem man sich orientiert. Als »Idee« bezeichnet man auch einen neuen, originellen, geistreichen Gedanken oder Einfall, in dem sich häufig sowohl die Absicht als auch der Plan für die Umsetzung manifestiert. Eine Idee ohne erfolgreiche Umsetzung ist keine Innovation, sondern nur eine Idee. Idee und Umsetzung, beides zusammen, haben auf den oder die Ideenfinder eine begeisternde und euphorisierende Wirkung.

Im Unternehmenskontext ist eine Idee häufig die Antwort auf ein spezielles Problem. Auch hier schwingen Umsetzung, Euphorie und Spaß mit. Die zentrale Frage jedoch ist:

Wann ist eine Idee eine gute Idee?

Zwei essenzielle Bausteine für gute Ideen haben wir bereits angesprochen: Probleme und Inspirationen. Dazu gehören für mich neben der Kreativität auch Techniken, die mir helfen, neue und andere Ideen zu entwickeln und mentale Sparrings-Partner in Form von Mitdenkern und kreativen Ideenentwicklern. Ich greife hierbei gerne auf ein sehr individuelles Netzwerk an positiven »Spinnern« zurück (und das ist sehr liebenswert gemeint). Der Austausch erfolgt entweder persönlich oder auch virtuell. Heute gibt es wunderbare Techniken, wie Skype und anderen Apps, die frei verfügbar sind und mit denen ich global, über Kontinente und Zeitzonen hinweg ohne größeren Aufwand sehr bequem, spontan und ohne Reise-

kosten kommunizieren kann. Ich ziehe den persönlichen Kontakt in Ideen-Sessions vor, weil man hier einfach die knisternde Energie spürt und direkt auf körpersprachliche Reaktionen eingehen kann. Wenn der Kost-Cut zuschlägt, kann ich mich nicht beleidigt zurückziehen, sondern nehme es sportlich als Trainingseinheit und nutze andere Wege, auch mithilfe der oben genannten Apps, um mich mit anderen kreativen Talenten mental zu vernetzen.

Win-win

Eine Idee ist eine gute Idee, wenn sie ein Win-win für alle Beteiligten ist: für Inspirationsgeber, Ideenentwickler, Teams, Marketing, Forschung, Sales, Aktionäre, Handelspartner und final natürlich auch für den Kunden.

Kreativitätstechniken

Da es zum Thema Kreativitätstechniken unendlich viel Material in Form von Büchern, YouTube-Tutorials, Apps etc. gibt, verrate ich an dieser Stelle nur meine Lieblingstech-

125

nik. Diese Technik ist wunderbar banal und einfach, um schnell alleine oder in einem kleinen Team von maximal sechs Personen auf ungewöhnliche Ideen zu kommen. Dank ihr habe ich schon zahlreiche Ideen und auch Innovationen für interne Prozesse oder auch für Pralinen, Services und Wellness-Angebote oder neue Benefits für Waschmittel entwickelt.

Die WOW-Technik

Was wollen wir schnell gemeinsam erfinden? Wie wäre es mit einem Pasta-Schnellimbiss?

Als Erstes brauchen wir eine große Papierfläche. Ein Flipchart ist okay, noch besser ist eine Metaplan-Wand oder eine Papiertischdecke.

Oben auf das Papier schreiben wir kurz und knapp die Fragestellung. Am besten beginnt sie mit einem positiven »Wie?« In unserem Fall: Wie sieht der »perfekte« Pasta-Schnellimbiss aus? Oder: Wie werden Kunden »süchtig« nach meinem neuen Pasta-Schnellimbiss?

Dann unterteilen wir das Papier mit zwei vertikalen Linien in drei gleich große Spalten. Die erste Spalte ist vorgesehen für die »Must-have-Ideen«, die zweite für die »Nice-to-have-Ideen« und die dritte für »Kunden-WOW«.

WOW-Ideen basieren weniger auf eigenen Leistungen oder Techniken, sondern sie haben den Fokus rein auf den Kunden und beantworten, wie der Kunde im Positiven überrascht werden kann, wie wir ihm ein Lächeln entlocken können? Was wäre für ihn ein WOW-Effekt?

Unser Papier mit den drei Spalten sieht wie folgt aus:

MUST-have	Nice-to-have	Consumer- WOW!

Als mentale Gedanken-Schubser nutzen wir Inspirationen aus ähnlichen Bereichen, wie Restaurants und Fastfood-Ketten oder schauen uns an, wie in anderen Branchen schnelle Dienstleitungen angeboten werden, z.B. beim Formel-1-Rennen der Reifenwechsel.

Start

Nachdem die Methode dem Team erklärt wird, hat jeder ein paar Minuten Zeit, um in die Thematik einzutauchen und sich ggf. von Inspirationsmaterial mental befruchten zu lassen. Dann bittest du die Teilnehmer, sich zu folgenden Fragestellungen Gedanken zu machen:

Wenn wir an ein neues Geschäftsmodell für einen Pasta-Schnellimbiss denken, was sind
- Must-have-Eigenschaften/-Angebote?
- Nice-to-have-Eigenschaften/-Angebote?
- WOW-Eigenschaften/-Angebote?

Brainstorme, diskutiere und spinne nun ca. 15 bis 20 Minuten. Schau dir immer wieder das Inspirationsmaterial an und suche nach neuen Impulsen. Spring in die Angebote anderer Dienstleister und lass dich inspirieren. Wie gesagt: Innovation ist einfach, denn es ist alles da. Es muss nur gesehen und neu kombiniert werden.

Der Effekt

In den ersten Minuten gibt es während dieses Brainstormings meist nur Ideen für die linke Spalte. Es dauert ein Weilchen, bis sich erste Mutige in die mittlere und rechte Spalte mit Ideen einbringen und sich trauen, auch skurrile Ideen aufzuschreiben. In der Regel hast du jedoch nach 20 Minuten auf der rechten Seite mehr ungewöhnliche Ideen als »Must-haves« in der linken Spalte.

Nach der Session kombinierst du die Ideen aus allen drei Spalten zu deinem neuen Angebot für den Pasta-Schnellimbiss. Bitte bewerte die Ideen nicht zu früh nach Machbarkeit, da du sonst Gefahr läufst, Ideen zu streichen, für die es vielleicht nur im Moment nicht genügend Fantasie für die Umsetzung gibt. Beschäftigt man sich ein wenig mit dem Wunschbild des neuen Angebotes, kommen dem Team sehr oft und wie durch Zauberhand zusätzliche Ideen zur Umsetzung und/oder Gedanken für neue Kontakte. Meist kennt jemand jemanden, der jemanden kennt, der eine Lösung hat.

Wie geht es weiter?

Erst im nächsten Schritt geht es um die Bewertung von Hard Facts, wie Preis, Umsetzbarkeit, Zielgruppen, Trend-Affinität und Soft Facts, wie Consumer Insights, Innovationsgrad und die Leidenschaft der Gruppe für die Idee.

Die Top-3- bis Top-5-Ideen schreibst du auf einer DIN-A4-Seite im Querformat. Links notierst du am besten mithilfe eines Scribbles/einer Zeichnung/eines Prototyps und rechts mit einem Minikonzept, welches das adressierte Problem, den Benefit aus Kundensicht und das Warum, den *Reason to believe*, beschreibt. Dann geht es in eine erste, qualitative Feedback-Runde, in der potenzielle Kunden und auch Noch-nicht-Kunden zu der Idee befragt werden. Hierbei ist wieder wichtig, das eigene Ego und die Ideenverliebtheit runterzufahren, um nicht in einen

Modus zu kommen, in dem man anfängt, die Idee zu rechtfertigen. Es geht darum, zuzuhören, zu lernen, zu reflektieren und die Ideen anschließend zu überarbeiten. Diesen Loop kann man gerne auch mehrmals wiederholen.

Warst du heute schon kreativ? Natürlich! Und die Good News dabei ist, dass Menschen, die kreative Dinge tun, wie Handarbeiten, Kochen oder Schreiben, auch ihr Wohlbefinden steigern und das Gefühl haben, regelrecht aufzublühen.[49] Spannend ist in diesem Zusammenhang auch, dass in diversen Experimenten an der Carlson School of Management, Minnesota, festgestellt wurde, dass Versuchspersonen in einem unaufgeräumten, chaotischen Umfeld auf mehr Ideen kommen, also kreativer sind als Versuchspersonen in einem aufgeräumten Umfeld.[50] Ich persönlich brauche immer wieder das Spannungsfeld aus großen, weißen Flächen, einem aufgeräumten Schreibtisch und gelebtem Chaos aus Magazinen, Büchern, Poster-Galerien und physischen Produkten aus den

---

49 University of Otago: Creative activities promote day-to-day wellbeing. ScienceDaily, 23. November 2016.
50 https://www.ncbi.nlm.nih.gov/pubmed/23907542

unterschiedlichsten Kategorien. In meinen Workshops spanne ich meterweise Wäscheleinen, wo ich einfach mit Wäscheklammern Ausdrucke, Bilder, Grafiken aufhänge.

Und wenn du eine Denkblockade hast, lenk dich ab, gehe raus und mach einfach etwas ganz anderes. Aus einer Studie geht hervor, dass Personen, die beim Laufen brainstormen, auf mindestens 50% mehr Ideen kommen als Herumsitzer. Bewegung macht also kreativ![51]

Je größer die Herausforderung, je radikaler die Erwartung, desto mehr Kreativität ist nötig. Oder ist *einfach* nur mehr Mut im Denken gefragt? Zukunft wird aus Mut gemacht.

---

51 American Psychological Association: Journal of Experimantal Psychology, Learning, Memory and Cognition, 2014, Vol. 40, No. 4

Brechende Verbindungen

Hirnforscher *David Eagleman* und Komponist *Anthony Brandt* führen Einfallsreichtum vor allem auf drei Fähigkeiten des Gehirns zurück: Biegung, Brechung und Verbindung. Dazu passt die folgende Technik. So banal sie klingt, so genial einfach ist sie.

Technik: Hyphen

Eine Technik möchte ich dir noch kurz mitgeben. Eine Technik, die deine Beobachtungsgabe fördert und einlädt, völlig skurril zu denken. »Hyphen« bedeutet Bindestrich. Diese Technik verbindet konsequent Dinge, die »eigentlich« nicht zusammengehören.

Beispiel

Ein Beispiel von einem meiner letzten Trendwalks über eine der größten Food-Messen und einem Produkt, was du aktuell in der Tiefkühltheke deines Supermarktes finden kannst. Du kennst den Klassiker, die Salami-Pizza – wie wäre es mit einer Schokoladen-Pizza?

Du suchst Ideen für Lebensmittel, einen LKW oder ein Tankstellen-Produkt? Starte zum Auftakt mit einem Stapel an Magazinen und nimm hier gerne auch Magazine und Zeitungen, die normalerweise nicht in deinem Relevant-Set sind. Für mich als Vegetarier ohne Kochtalent und -lust sind dies z. B. Magazine wie »Beef«, »Eat Smarter« oder »Essen & Trinken«. Blätter sie durch, nimm Magazine aus den Bereichen Automotiv, Garten oder Architektur hinzu. Sammle Wörter, schreibe sie in ein Ideenbuch und fang im zweiten Schritt an, die Begriffe wirklich wild zu kombinieren. Ich bin mir sicher, dass du im ersten Wurf sehr skurrile Kombinationen haben wirst und beim zweiten Durchsehen spannende Wortkreationen findest, die dich zum Nachdenken bringen werden. Alternativ funktioniert die Technik auch sehr gut, wenn du mit offenen Augen durch unterschiedliche Shops gehst, in die du normalerweise nie reingehst. Lass dich von den Produkten inspirieren, lese die Etiketten, Claims und Aussagen. Sammle konsequent Wortfragmente. Also, warum nicht:

- Chili-Weingummi
- Flugzeug-LKW → z. B. ein LKW mit Turbinenantrieb
- Neonorange-Klebstoff → z. B. ein Klebstoff, der für eine bessere Sichtbarkeit beim Auftragen Neonorange ist und beim Trocknen transparent wird
- Auto-Dünger → z. B. ein Benzin-Additiv, das den Wirkungsgrad des Motos erhöht
- Schwarze Eiswaffel → z. B. eine mit natürlichen Farbstoffen eingefärbte Waffel, die aus einem normalen Eis ein Premium-Luxus-Eis macht
- Joghurt-(Hotel-)Upgrade → z. B. ein gesundes Milchprodukt mit weniger Fett und Super-Foods
- Oder die beschriebene Schokoladen-Pizza?

Diese Technik macht solo genauso Spaß wie in einer kleiner Gruppe. Ich mache sie gerne mit meinen Jungs Bo und Ben, weil hier der typische Manager-Bewertungsmodus abgeschaltet ist und besonders ungewöhnliche Kombinationen entstehen. Es geht in erster Linie darum, den mentalen Korridor zu öffnen. Die Bewertungen kommen noch früh genug. Schalte den Autopiloten aus und den offenen Scanner-Modus an.

Achtung, Ideenfrust

Innovations-Management geht in der Praxis von nebulöser Ideensuche bis Power-Doting. Ein namhaftes Institut hat Unternehmen aller Couleur sinngemäß gefragt, wie viele Ideen sie im Durchschnitt brauchen, um ein erfolgreiches Produkt am Markt zu launchen. Ohne die genaue Definition zu wissen, was hierbei unter einem erfolgreichen Produkt verstanden wird, was denkst du, wie viele Ideen sind es im Durchschnitt? 2, 8 oder 120, 58, 680? Rate ruhig und keine Angst, du liegst garantiert daneben. Der Mittelwert lag bei 3.000 Ideen. 3.000! Was für ein Wahnsinn und was für eine Verschwendung an Ressourcen, wie Manpower, Zeit und Geld. Woher kommt diese immense Zahl? Das liegt daran, dass oft ins Blaue hinein innoviert wird. Ohne Fokus, ohne konkretes Suchfeld.

Wer so vorgeht, pusht Frust auf allen Seiten. Wie kommst du auf Ideen?

Sparring ∞

- Definiere die konkreten Suchfelder für deine Herausforderung, z.B. du willst neue Zielgruppen erreichen. Wer ist im Fokus? Gen-Z, Millenials, Haustierbesitzer, Veganer? Definiere dein Suchfeld und tauche regelrecht in das Feld.
- Welches Problem steht im Raum und ist der Ausgangspunkt für die Ideenfindung? Definiere große, radikale Probleme, denn sie reizen deine Synapsen. Das Abspecken und Kleinmachen kommt später automatisch.
- Bewerte die erste Ideenrunde, hole Feedback ein und optimiere die Idee. Und bewerte hier bitte nicht nur nach Machbarkeit. Erlaubt ist auch: absolut keine Ahnung, wie diese Idee umsetzbar ist, aber die Idee ist einfach mega! Das heißt, erlaube jedem bei der Bewertung auch einen Joker für seine Lieblingsidee, auch wenn sie von allen anderen konsequent abgelehnt wird.

Ideensuche nach dem Pareto-Prinzip

Persönlich wende ich bei der Ideenfindung gerne das 80:20-Pareto-Prinzip an, d.h. konkret: 80% sind im Rahmen von Guided Creativity fokussiert: Zu 80% innoviere ich auf einem zuvor eindeutig definierten und abge-

131

stimmten Suchfeld (Area of Opportunity) und mit den dementsprechenden Inspirationen und Experten. Im ersten Schritt werden relevante Suchfelder gesammelt und besprochen. Im zweiten Schritt werden die Felder ggf. eingedampft und gestrichen, bis das für alle relevanteste Feld übrig bleibt. Das Feld wird eindeutig definiert, damit alle Beteiligten das gleiche Verständnis von dem Suchfeld haben. Hinterfrage dich bitte immer wieder: Warum ist dieses Feld relevant für mein Business? Was ist das Warum? Was ist der Sinn? Wo ist der Beweis? Risiko vs. Chance.

Die übrigen 20% sind Ideen vorbehalten, die weit rechts und links des Suchfeldes liegen, die die Perspektive öffnen und gedanklichen Freiraum zulassen.

Im Endeffekt macht es die Mischung der Ideen aus. Dies unterstützt auch die unterschiedlichen kreativen Mindsets in einer Gruppe.

Zwei Punkte möchte ich in diesem Kapitel noch ansprechen, die besonders für solche Unternehmen wichtig sind, die manchmal einfach unterschätzt werden in Unternehmen: Wie verkauft man seine Idee? Und wie kommt man den entscheidenden Schritt weiter, idealerweise bis zur Umsetzung?

Ideen verkaufen

Wenn es darum geht, eine neue Idee in einer größeren Gruppe zu präsentieren, kann es dazu kommen, dass diese vorschnell zerredet oder aus politischen oder egogetriebenen Gründen abgelehnt wird. Damit eine Idee eine Chance hat, sollte man sich überlegen, wann, in welchem Rahmen und vor wem man sie präsentiert. Und im Sinne eines Worst-Case-Szenarios: Welche Einwände kann es geben und habe ich auch hier schon Lösungen in der Hinterhand?

Gute Erfahrungen habe ich damit gemacht, die Idee mittels eines OnePagers zu beschreiben und einen Prototyp zu kreieren. Was heißt Prototyp? Dies muss nicht immer der gehfähige Roboter sein oder das 3D-Modell aus gefrästem Aluminium. Auch Prototypen aus Knetmasse oder visualisierte Verfahrensabläufe mit Lego- oder Playmobil-Figuren eignen sich hervorragend. Nutze jedes Material, das du bekommen kannst und das der Bastelbedarf hergibt. Ich habe mich auch schon bei den Spielsachen meiner Kinder bedient.

Achtung

Ein Prototyp ist nicht perfekt. Er ist ein Anschauungsmodell und dient dazu, ausprobiert zu werden und zu zeigen, was besser werden kann.

OnePager

Eine Idee kurz und knapp zu verkaufen, ist (k)eine Kunst. Die EU-Verordnung über den Import von Karamellbonbons von 1981 hat 25.911 Wörter. Die Zehn Gebote nur 279. Da, wo viele Kaufentscheidungen getroffen werden, habe ich nur Millisekunden Zeit, dich als Käufer in meine Produkt-Aura zu ziehen. Interessierst du dich jetzt auch für mich als Produkt, nimmst mich in die Hand und fängst an, dich mit mir zu beschäftigen, ist die Wahrscheinlichkeit groß, dass ich in deinem Einkaufswagen lande und die Kassenzone passiere. Darauf kommt es schließlich auch bei Innovationen an: ums Geld. Einige Produkte verkaufen sich am

Regal, wie die EU-Verordnung für Karamellbonbons mit »gefühlten 25.911 Wörtern«, Benefits und Piktogrammen, d.h. viel zu komplex, deutlich zu überladen und weder mit Kundenfokus noch mit einer für den Kunden verständlichen Sprache. Nicht umsonst setzt sich aktuell ein Trend in FMCG[52]: Transparence, d.h., jeder Inhaltsstoff ist eindeutig definiert und erklärt und das natürlich in einer verständlichen Kundensprache.

Trainiere es, deine Gedanken und Ideen kurz und knapp und idealerweise im Twitter-Style zu verkaufen. Ich selber beschreibe meine Ideen als OnePager. Egal, ob es sich um eine Idee für ein Creative-Loft handelt oder um neue Produktlösungen. Meine OnePager sind fokussiert auf:

- die Idee in einem Satz
- den Nutzen aus Kundensicht: *what's in it for me?* Der Kunde kann hier der Vorstand, aber genauso auch der Endverbraucher sein
- dazu ein Scribble oder haptischer Prototyp, was die Idee visualisiert und »greifbar« macht.

---

52 Siehe Fn. 39.

133

Es geht darum, Interesse zu wecken und darum, dass das Top-Management Entscheidungen trifft und das hat in der Regel limitierte Zeit. Wir verkaufen unsere Ideen oft »zu Deutsch« mit Deckblatt, Inhaltsangabe, acht Seiten Herleitung, zwei Seiten wissenschaftlicher Beweise und am Ende kommt vielleicht noch die eigentliche Idee.

Stopp!

Verkauf deine Idee als OnePager. Zeig, was du kannst, was du willst und vor allem, was das Management entscheiden soll. Hast du Begeisterung geweckt, dann kannst du nachlegen mit weiteren Informationsbausteinen.

Und wenn du DEINE Idee verkaufst, bitte auch DEINEN Name daruntersetzen. Wenn es die Idee eines Teams ist, gehören hier fairerweise auch alle Namen hin.

Es soll Chefs geben, die Namen austauschen, d.h. Ideen der Mitarbeiter mit ihrem Absender versehen. Das ist nicht nur peinlich, es zerstört auch die Innovationskultur. Souveräne Chefs haben das nicht nötig.

Sketchnoting

Kannst du zeichnen? Nein? Doch! Sketchnoting[53] ist eine schnelle und überraschend effektive Methode, um Gedanken und Inhalte zu scribbeln und zu visualisieren. Sketchnoting fördert das Verständnis von Projekten und steigert gleichzeitig deine Kreativität. Die Kombination aus Wort, Text und einfachem Symbol und Bild wird schnell wahrgenommen, verarbeitet und im Gedächtnis abgespeichert. Warum? Wir nehmen über 80% aller Eindrücke von außen visuell wahr und die Verknüpfung dieser visuellen Wahrnehmung mit Wörtern führt zu einer doppelten Codierung der Informationen im Gehirn, praktisch eine Bild-Wort-Synergie. Der weitere Vorteil. Um Sketchnoting zu nutzen, brauchst du kein Zeichentalent. Wichtig ist die Auseinandersetzung mit den Inhalten auf einer visuellen Ebene. Sketchnotes kannst du praktisch überall einsetzen, auf der Serviette beim Business-Lunch, spontan auf dem Flipchart während deiner Präsentationen oder in Workshops. Versuche bitte nicht den *da Vinci* oder besonders perfekt zu

---

53   https://sketchnoting.net/

134

sein, probiere es einfach aus und du wirst dir schnell ein eigenes Set an Lieblings-Visuals erstellt haben, mit denen du wunderbar deine Gedanken visualisieren kannst.

Nutze deine kreative Exzellenz und werde zum Ideen-Bastler, Prototypen-Designer und traue dich, auch die ungewöhnlichsten Materialien zu nutzen. Bediene dich an der Bastelkiste der Kinder oder lege dir eine eigene Bastelkiste zu. Auch mit Knetmasse oder jeglicher Art an Spielsachen, wie Lego, lassen sich Millionen-Ideen visualisieren. Außerdem wirst du dein Publikum mit solchen Prototypen garantiert überraschen – zusätzlich macht es auch noch Spaß. Und das ist sehr gewollt: Innovation darf Spaß machen! Und mach bitte alles mit einer großen Prise an Leichtigkeit und Improvisationstalent.

Umsetzungsenergie

Eine Idee bleibt eine Idee, solange sie nicht monetarisiert wird. Um deine Idee in die Umsetzung zu bringen, suche dir Mentoren und auch Sponsoren, die dich dabei unterstützen, die Idee noch weiter zu verbessern. Der Neben-

effekt ist, dass dadurch noch mehr Menschen involviert werden und dir im Idealfall den Rücken stärken. Denn es wird immer von mindestens einer Seite Widerstand geben und die Herausforderung für dich ist, mental stark zu bleiben. Wenn du an deine Idee glaubst, halte durch. Auch wenn jetzt vielleicht noch nicht der richtige Zeitpunkt für deine Idee ist, halte an ihr fest. Ich habe es oft erlebt, dass das Umfeld für eine Idee einfach noch nicht reif war, dass die Zeit zu früh war.

Nutze die Zeit, deine Idee weiter zu verbessern, sie zu optimieren und noch mehr Belege dafür zu finden, dass sie ihre Berechtigung hat: Fakten, Trends oder Ergebnisse aus der Marktforschung dienen dir als Unterstützung. Und dann kann es passieren, dass nach zwei oder drei Jahren der Markt soweit ist und es Zeit ist, die »alte« Idee aus der Schublade zu holen. Nutze deine Umsetzungsenergie und sei verliebt ins Gelingen! Idee auf den Punkt auszuarbeiten und zu verkaufen, erfordert einen Mix aus Kreativität, Kühnheit und Resilienz, aber es lohnt sich in jedem Fall. Und wird – positiv formuliert – das Potenzial noch nicht erkannt, resigniere nicht, sondern nimm es als Lernkurve, überarbeite deine Gedanken und nimm einen neuen Anlauf.

Innovation-Sparring: Idee

- Welche Kreativitätstechnik passt zu deinem kreativen Talent und welche hast du heute schon ausprobiert?
- Welche Technik und Materialien nutzt du als Unterstützung für den kreativen Prozess: Inspirationsmaterialien, große Papierflächen, Bastel-Materialien oder auch Online-Mind-Map Tools?
- Welche Kreativitätstechnik willst du das nächste Mal mit deinem Team ausprobieren?
- Wie sieht dein Prototypen-Baukasten aus?

Kreativität ist nicht nur Inspiration, sondern auch Transpiration.

Thomas Alva Edison

Deine Mind-Map: Idee

Idee

Faktor vier: LIEBEN – Wie lernst du, die »Arbeit« an Innovationen noch mehr zu lieben?

- Leidenschaftliche Menschen brennen, sprühen vor Energie und ziehen enorme Kraft daraus, wenn sie sich mit ganzem Herzen einer Sache verschreiben.
- Leidenschaftliche Menschen haben eine große Klarheit, weil sie wissen, was sie wollen und weil sie ein konkretes Ziel verfolgen.
- Leidenschaft ist ansteckend, leidenschaftliche Menschen sind charismatisch; es gelingt ihnen spielend, andere zu inspirieren und sie zu etwas zu bewegen.

Der Nachteil von Leidenschaft ist: Man kann sie nicht verordnen. Man kann andere nicht dazu motivieren, mehr Leidenschaft an den Tag zu legen. Bitte analysiere und beobachte dich selbst: Wie ist es um deine Leidenschaft im Job bestellt?

l1 Leidenschaft

Gerade beim Thema Innovation ist Leidenschaft einer der wichtigsten Soft-Skills. Und sie hat, sowohl für dich persönlich als auch für Arbeitgeber, entscheidende Vorteile:

Sparring ∞

- Für was kannst du dich im Kontext Innovationen begeistern? Liebst du es, Neues zu entdecken? Bist du ein enthusiastischer Netzwerker? Magst du Businesspläne schreiben? Was begeistert dich?
- Wo vergisst du die Zeit und bist im Flow?
- Wobei spürst du tiefe Zufriedenheit?
- Wo setzt du deine ganze Kraft ein und wirst zum Kämpfer für eine Sache?
- Wo erbringst du locker-leicht und regelmäßig Spitzenleistungen?

Oft fallen mir Sänger, Schauspieler, Künstler und auch Unternehmer auf, die im hohen Alter von 70+ noch mit größter Lust und Leidenschaft ihren Beruf (und ihre Berufung) ausüben. Was zeichnet sie alle aus? Sie lieben ihren Job. Sie können bis ins hohe Alter Spitzenleistung bringen, weil ihre Leidenschaft sie beflügelt und ihnen Energie gibt. Und dies mit einer besonderen und einzigartigen Leichtigkeit.

Spitzenleistung entsteht nicht, weil jemand besonders viel Talent oder Wissen hat. Spitzenleistung entsteht,

wenn man seinen Job liebt und mit viel Leidenschaft stets bemüht ist, das Beste herauszuholen. Erfolgreiche Manager und Unternehmer zeichnen sich durch die gleiche Leidenschaft und Begeisterung für ihren Beruf aus, die auch Spitzenstars und -sportler auszeichnet. Sie sind in einem permanenten Optimierungs-Loop und Verbesserungsprozess. Nicht nur das Talent macht den Unterschied, sondern die Einstellung und das Mindset.

Mein 100-prozentiges Commitment – Jetzt

Sparring ∞

- Hast du eher Untergangssehnsucht oder liebst du, was du tust? Wenn nein, was änderst du?
- Bist du jetzt, in diesem Moment, zufrieden?
- Bist du mit 100% bei der Sache? Nicht mit 20%? Und auch nicht mit 68%?

Ich persönlich habe mir für jeden Tag drei Termine in mein iPhone gesetzt, zu denen ich folgende Textnachrichten von mir selbst erhalte:

10:28 Uhr: »*Jens, bist du jetzt zufrieden?*«

14:48 Uhr: »*Jens, wie ist dein Energie-Level?*«

16:12 Uhr: »*Jens, hast du jetzt Spaß?*«

Nehmen wir die letzte Frage um 16:12 Uhr: Wenn sie aufploppt, nehme ich mir eine Auszeit, gehe z.B. aus dem Meeting raus und setze mich für ein paar Minuten in einen ruhigen Raum – und wenn es die Toilette ist. Kann ich die Frage »Spaß« mit Ja beantworten, gehe ich sofort wieder in meinen Termin, denn ich will ja nichts verpassen, was mir Spaß macht. Beantworte ich die Frage jedoch mit Nein, überlege ich, was ich *jetzt* tun kann, um meinen aktuellen »Spaß-Level« zu erhöhen.

Acht Optionen: Warum acht? Egal, du kannst auch sieben oder zwölf nehmen, aber nicht nur eine. Bin ich mit einer aktuellen Situation unzufrieden, denke ich mir acht Optionen aus, die teilweise skurril bis radikal sind und nehme die, die für mich in der aktuellen Situation sofort umsetzbar ist. Denn ich will mein Spaß-Energie-Level hochhalten, jetzt und nicht erst in drei Stunden.

»*Jens, hast du jetzt Spaß?*« Diese Frage ist auch immer eine Herausforderung, ehrlich und konsequent zu sein. Im Sinne meiner Eigenverantwortung ist wichtig, was ich tun kann – nicht andere. Ich bin (mein eigener) – nennen wir es – Schöpfer und kein Opfer, das sich von anderen abhängig macht. Und? Hast du Lust, es einmal auszuprobieren und dir auch für die Zukunft zwei oder drei Termine in dein Smartphone zu setzen? Damit kein Gewöhnungseffekt eintritt, kannst du auch an unterschiedlichen Tagen alternative Zeiten und Fragen terminieren.

100% bei der Sache zu sein, bedeutet auch, dass ich die Worte »ich versuche« aus meinem Wortschatz gestrichen habe. Denn: Versuche einmal, mit dem Rauchen aufzuhören, mehr Sport zu machen, einen Kunden zu besuchen. Was wird wohl das Ergebnis dieser Versuche sein? Oder, anderes Beispiel, versuche einmal, einen Stift aufzuheben. Das hast du geschafft und hältst den Stift in den Händen? Bravo! Aber war das wirklich ein Versuch oder hast du den Stift ganz einfach aufgehoben?

Versuche sind häufig vorweggenommene Entschuldigungen. Also, mache die Dinge richtig und zu 100%. Oder delegiere sie und fokussiere dich auf die Themen, die du leidenschaftlich gerne tust.

In den Kontext Leidenschaft gehört es auch, die richtigen Menschen und Mitarbeiter zu finden. Denn es ist kein Zufall, wenn besonders produktive Mitarbeiter auch diejenigen sind, die mit Begeisterung und Spaß bei der Sache sind. Als Führungskraft besteht die Kunst also darin, Menschen einzustellen, die ihre Aufgaben mit Freude ausfüllen und sie dann so zu fördern, dass sie dauerhaft Erfüllung in ihrer Arbeit finden. Effektivität und die Produktivität ergeben sich dann oft von ganz allein.

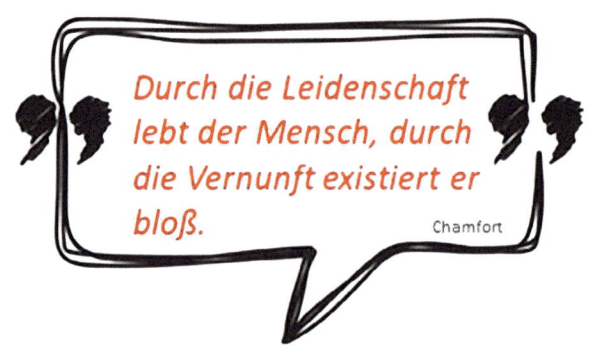

Durch die Leidenschaft lebt der Mensch, durch die Vernunft existiert er bloß.

Chamfort

Begeisterung, Leidenschaft, Enthusiasmus — wie auch immer du es nennen willst —, es ist die Art von Emotion, die Menschen erfolgreich macht.

Innovation-Sparring: Leidenschaft

- Bist du in deinem Innovations-Job zufrieden? Wenn nein, wie änderst *du* das?
- Bist du im Innovations-Flow und mit 100% bei der Sache?
- Übernimmst du zu 100% die Verantwortung für dein Handeln und Tun?

Deine Mind-Map: Leidenschaft

Leidenschaft

l2 Last

Sollte ich es noch nicht gesagt haben ;-) – ich liebe es, kreativ zu arbeiten, Ideen zu entwickeln und innovative Lösungen zu entdecken. Eine Last für mich sind dabei oftmals die sichtbaren und unsichtbaren Barrieren in Unternehmen. Ich bin häufig in Firmen aller Art, jeder Größe und ich glaube mittlerweile auch in jeder Kategorie unterwegs. Verwundert, nein, schockiert bin ich oftmals, dass die banalsten Innovationshebel nicht genutzt werden.

Vor Kurzem kam ein Vorstandsmitglied eines Handelsunternehmens nach meinem Vortrag auf mich zu und sagte: *»Ihre disruptiven Beispiele sind ja nett, aber das sind doch Nischen. Handel und Internet, das passt nicht. Die Menschen wollen beraten werden und die Ware anfassen. Und überhaupt, das Internet ist bald voll.«* Ich habe mich dezent umgeschaut und nach der versteckten Kamera gesucht. Jedoch: Es gab keine Kamera. Der Herr meinte es todernst.

Aus ähnlichem Garn gestrickt sind folgende Phrasen:
- *»Das haben wir schon immer so gemacht.«*
- *»Das haben wir doch noch nie so gemacht.«*

- *»Blödsinn, das geht sowieso nicht.«*
- *»Das ist grundsätzlich richtig, aber bei uns nicht anwendbar.«*
- *»Dazu fehlt uns die Zeit.«* (alternativ: Budget oder Manpower)
- *»Das haben schon fähigere Leute als Sie nicht lösen können.«*
- *»Ach, und davon wollen Sie nun Ahnung haben?«*
- *»Da können Sie nicht mitreden.«*
- *»Darüber reden wir ein anderes Mal.«*
- *»Das ist ja wohl eine recht naive Vorstellung, die Sie da haben!«*
- *»Das gibt's doch schon (aber nicht bei uns).«*
- *»Das ist doch bloße Theorie.«* (alternativ: *»Das funktioniert in der Praxis nicht.«*)
- *»Das ist doch längst überholt.«*
- *»Typisch Frau!«* (alternativ: Mann, Anfänger, Student usw.)
- *»Bekanntlich ist es so, dass ...«*
- *»Dafür bin ich nicht verantwortlich.«*
- *»Wir können doch nicht ständig alles verändern!«*
- *»An Ihrer Stelle würde ich das auch behaupten.«*
- *»Sammeln Sie erst einmal etwas Berufserfahrung.«*
- *»Wer diese Idee hatte, ist absolut realitätsfremd!«*

- *»Warum regen Sie sich eigentlich immer so auf?«*
- *»Das dürfen wir hier nicht.«*
- *»Das bringt nur Probleme.«*
- *»Das bringt doch alles nichts.«*
- *»Sie müssen noch viel lernen.«*
- *»Seit wann sind Sie der Experte?«*
- *»Das ist doch alles graue Theorie.«*
- *»Sie sehen das viel zu praktisch!«*
- *»Klingt ja ganz gut, aber das wird nichts bringen.«*
- *»Sie nehmen immer alles persönlich!«*
- *»Das müssen Sie schon verstehen!«*
- *»Auch Sie werden sich der Tatsache nicht verschließen können, dass ...«*
- *»Dafür sind wir doch gar nicht zuständig.«*
- *»Das gehört nicht hierher.« (alternativ: »Dafür gibt es [andere] Experten.«)*
- *»Wir haben doch auch so schon genug zu tun.« (alternativ: »Das wächst uns doch alles über den Kopf.«)*
- *»Das weiß doch jeder, dass so etwas nicht funktioniert.«*
- *»Um das beurteilen zu können, fehlt Ihnen das Fachwissen.«*
- *»Das ist viel zu teuer.« (alternativ: »Dafür gibt es kein Budget.«)*

- *»Wenn die Idee etwas taugte, wäre doch längst jemand darauf gekommen.«*
- *»Wozu denn? Es funktioniert doch!«*
- *»Darüber brauchen wir gar nicht erst zu reden.«*
- *»Da hat aber jemand eine wahnsinnig gute Idee.«*
- *»Das ist eine schöne Idee, aber nicht für uns.«*

Wie sieht es mit deinem Immunsystem gegenüber Nörglern und Killerphrasen aus?

Um nicht selbst in die Killerphrasen-Falle zu tappen, bedarf es eine Art kreativen Selbstschutz in Form von Achtsamkeit. Wie du weißt, machen wir etwa 95% von dem, was wir täglich tun, unbewusst, und genauso ist es mit der Nutzung von Phrasen, unbewusster Ablehnung oder kleinen körpersprachlichen Zeichen. Im Rahmen einer Innovation-Session fiel uns auf, dass, obwohl wir alle glaubten sehr offen zu sein, uns permanent das kleine Wörtchen »aber« herausrutschte. Mehr aus Spaß stellten wir dann ein »Aber-Schwein« auf, das wir für jedes »aber« oder ähnliche destruktive Wörter mit einem Euro gefüttert – nein, regelrecht gemästet haben. Alsbald mussten wir es schlachten, weil es schneller voll geworden war, als wir gedacht hatten. Von da an haben wir uns immer kleine Zeichen gegeben, wenn jemandem wieder einmal eine Killerphrase oder ein »aber« herausgerutscht war.

Sparring ∞

Was verbindest du mit Last? Müssen statt wählen? Ballast? Druck? Schwere? Bürde? Anstrengung? Mühe? Not? Pein, Mühsal oder Gram?

Stress entsteht durch *Müssen*

Eine gute Übung, um Negatives oder Lästiges in etwas Positives umzuwandeln, ist die Kopfstand-Technik. Es ist eine Mär, dass diese Technik angeblich am besten bei den so oft zitierten Jammer-Deutschen funktioniert. Ich habe sie angewendet in Guatemala, Indien oder Österreich und sie funktioniert global gleich gut. Du sammelst also zunächst negative Ideen, um diese dann ins Positive zu überführen. Nehmen wir an, du willst ein neues Ladenkonzept erfinden, dann könnten gemäß der Kopfstand-Technik deine ersten Überlegungen in folgende Richtung geben:

- Was müssen wir tun, damit keine Kunden kommen?
- Wie schaffen wir es, dass alle unsere Kunden zum Wettbewerber gehen?
- Wie erreichen wir eine 100-prozentige Kundenunzu-friedenheit?

Schon beim schnellen Lesen werden dir viele Antwort-möglichkeiten einfallen, wie:

- Ladenöffnungszeiten von 12:00 Uhr bis 12:15 Uhr
- Preisschilder in Schriftpunktgröße 2
- Kein Personal
- Keine Beratung.

- Falls doch Verkäufer da sind, kommunizieren sie von oben herab und unfreundlich
- ...

Das Sammeln von »negativen« Bausteinen macht nicht nur Spaß, weil sich jeder mal so richtig austoben kann, sondern man hat auch in Windeseile mehrere Flipchart-Seiten vollgeschrieben. Im zweiten Step nimmst du dir jede einzelne Antwort vor, bündelst sie und formulierst sie anschließend in positiv formulierte Fragen um, z.B.:

- Welche Öffnungszeiten erwarten unsere Kunden?
- Wie könnte man die Preisschilder originell und andersartig gestalten?
- Wie schaffen wir es, dass bei uns das beste und freundlichste Personal mit Freude arbeitet? Und vor allem, wie halten wir das beste und freundlichste Personal?
- ...

Sparring ∞

Wie kannst du die Kopfstand-Technik einsetzen, um deine individuelle Last zu identifizieren und konsequent zu eliminieren?

Halte dich konsequent vom Treibsand aus Nörglern und Mittelmäßigkeit fern, um dein Bestes aus deinem Potenzial und kreativen Talent auszuschöpfen.

147

Es ist die größte Lust des Lebens, anderen die Last des Lebens zu erleichtern.

Paul Keller

Innovation-Sparring: Last

- Wie sieht deine Liste der in- und externen Barrieren aus?
- Wie sehen erste Lösungsansätze aus, Leichtigkeit und Innovation zu kombinieren?
- Wie findest du mehr Zeit zum Innovieren bzw. was machst du ab heute nicht mehr?
- Wie setzt du ein »freundlich-bestimmtes-konstruktives NEIN« ein, um dich von Last, Barrieren, Zeitfressern und Energieräubern zu lösen und zu nachhaltig zu trennen?

Deine Mind-Map: **Last**

Last

I3 Leichtigkeit

Leichtigkeit ist das Gegenteil von Last und deswegen im Innovationsprozess ein guter Ausgleich zu allem Schweren. Leichtigkeit im Sinne von Mühelosigkeit, Unbekümmertheit und auch Einfachheit.

In über 20 Jahren Innovationspraxis und intensiven Kontakten zu den unterschiedlichsten Unternehmen durfte ich sehr viele Extreme erleben. Von völliger Ahnungslosigkeit, Naivität bis hin zu völliger Verwirrung und Überkomplexität. Prozesse, die Prozesse steuern sollen, Innovationsabläufe in Micro-Tabellen oder knapp 300-seitigen Handbüchern dokumentiert. Ich habe öfter einen Innovationskrampf und eine Hirnkolik in Unternehmen erlebt als ein leichtes, unbeschwertes, praktisch entspanntes Verhältnis zur Innovation – in allen Dimensionen und vor allem rund um die Innovationskultur.

Ich möchte entschieden dafür plädieren, eine Haltung und Einstellung entspannter Leichtigkeit zur Innovation einzunehmen – in allen Dimensionen: Menschen und Kultur, Abläufe und Prozesse und auch bei Controlling-Instrumenten und Bewertungen von Ideen und Konzepten.

Natürlich bin ich auch nicht so naiv, zu glauben, dass im meist hektischen Geschäftsleben immer alles leicht ist. Aber gerade dieses Wechselspiel von leicht und schwer macht Leichtigkeit erlebbar – sofern man sich nicht nur auf die Tiefs und das Schwere fokussiert.

Die Fähigkeit zum Grundoptimismus, gepaart mit heiterer Gelassenheit, ist ein wahres Geschenk. Auch das Wissen, dass ich jederzeit eigenverantwortlich die Wahlfreiheit habe, kann ich für mehr Leichtigkeit nutzen. Zufriedenheit ist das neue Glück, auch im Job.

Was verbindest du mit Leichtigkeit, wie würdest du Leichtigkeit umschreiben? Mein Angebot: Freude und Spaß, frische Luft, gute Laune, Unbeschwertheit, Spontanität, Unabhängigkeit, Freiheit, Fliegen, Sorglosigkeit, Spielerei, ein Leichtes, eine meiner leichtesten Übungen, kein Hexenwerk, keine Hexerei, ein Kinderspiel, Klacks, Kleinigkeit, Spaziergang, wenn's weiter nichts ist.

Leichtigkeit und kreativer Austausch

Es ist noch nicht allzu lange her, als Mitarbeiter ihr Know-how verschlossen haben: Das ist meins, das darf kein anderer sehen; es wäre schlimm, wenn mir jemand mein Wissen klauen und daraus etwas machen würde. Damals wurden Terrabytes an Wissen in Aktenordnern und hässlichen Sperrholzschränken versteckt, auf Festplatten oder vielleicht sogar unter dem Kopfkissen. Jede Abteilung hatte ihr Wissen, die Sales-Leute das ihre, die Marketer ein anderes. Um jeden Inhalt wurden hohe Mauern gebaut, damit niemand die mentalen Silos einsehen konnte.

Ein weiteres Beispiel – von einem traditionellen Schokoladenhersteller. Seit Jahren waren die Innovationen, die auf der Kölner Süßwarenmesse gezeigt wurden, eher neue Geschmacksrichtungen, wie Mousse, Cappuccino oder dunkle Schokolade mit ganzen Nüssen. Ich liebe Schokolade und ich liebe dieses Unternehmen, aber für mich als Kunde war da wenig WOW-Faktor und Überraschung erkennbar und (er-)schmeckbar. Mir wurden Geschmacksrichtungen angeboten, die nicht wirklich neu waren. Und Themen wie Nachhaltigkeit und eigene faire

Haselnussplantagen sind in diesem Wettbewerbsumfeld auch kein wirkliches USP. Innoviönchen, aber wo waren die richtigen Innovationen? Der AHA-Moment kam, als ein intern unbewusst angewandtes Gesetz gebrochen wurde: Informationen wurden von nun an für alle zugänglich gemacht. Alle Mitarbeiter, von der Produktion bis zum Top-Management, wurden eingeladen zu dem ersten Innovation-Day. Ich durfte als Gastredner teilnehmen und für mich war es ein faszinierendes Erlebnis, zu sehen, wie die Mitarbeiter mit leuchtenden Augen zu diesem hervorragend organisierten Event kamen. Das Setting bestand aus zwei Räumen. Im ersten wurden von externen Innovatoren drei Vorträge gehalten, jeweils am Vormittag und mit Wiederholung am Nachmittag. Der Fokus der Vorträge lag bei allgemeinen Trends und Markttrends, Innovation und Disruptionen am Beispiel der Food-Industrie und dazu mein Impuls zu Innovationskultur und Inspirationen. Im zweiten Raum konnten sich die Kollegen die Konzepte, Ideen und Prototypen der nächsten Saison(s) ansehen. Alles war dargestellt wie auf einer Art internen Haus-Messe. Die jeweiligen Verantwortlichen aus Marketing und Entwicklung konnten mit viel Energie und Leidenschaft ihre Schätzchen präsentieren, natürlich auch zum Probieren.

Über diesen offenen Dialog entstanden wieder neue Ideen. Damit diese nicht im Tagesgeschäft versiegten, gab es einen zusätzlichen Stand mit Grafikern und Designern, die die Ideen sofort illustrierten. Die Ideengeber waren sehr stolz, ihre »groben Gedanken« sofort in eine Illustration oder sogar in einer Art haptischen Prototyp zu sehen. Alles in allem war dies eine sehr erfolgreiche Veranstaltung, die weniger durch ein großes Budget als vielmehr durch Intrapreneurship und Umsetzungs-Power geglänzt hat. Das Ganze natürlich mit einer großen Portion Zuversicht gespickt in das Zeit- und Vertrauens-Investment in die Mitarbeiter. Ich freue mich jetzt schon darauf, wie mich dieses Unternehmen mit neuen Formaten und neuen Konzepten und sensorischen Erlebnissen überraschen wird.

Einen ähnlichen Ansatz habe ich selbst angeregt und mitorgansiert: Bei »The InnoFair« lag der Fokus auf dem Teilen von aktuellen Projekten, kategorie- und marktübergreifend. Gleichzeitig ging es auch um den Austausch von globalen Consumer Insights und »Hottest Consumer Challenges«. Auf einer Fläche von rund 120 m² waren die Wände dekoriert mit ungelösten Kundenproblemen und

Real-Life-Bildern aus Haushalten. Parallel dazu präsentierte ein internationaler Trend-Scout in 6-mal-20-Minuten-Impulsen Street-Trends aus den globalen Hotspots, und die Forschungskollegen zeigten ihre jeweiligen aktuellen Projekte. Eine Wand war mit eher skurrilen und ungewöhnlichen Ideen mit Prototypen und Zeichnungen dekoriert. Der Sinn des Events war die intensive Auseinandersetzung mit aktuell ungelösten Kundenproblemen, R&D-Technologien und Lösungen, kombiniert mit Zukunftstrends. Diese Veranstaltung war mental enorm befruchtend und sehr nachhaltig. Alle Kollegen aus den unterschiedlichsten Verantwortungsbereichen besuchten die Veranstaltung genauso wie der Vorstand, der sich ohne Berührungsängste intensiv in die Diskussion und Ideenentwicklung eingebracht hat.

Sparring ∞

- Mach es dir leichter und lade deine interne Crowd zum Lernen, Austausch und gemeinsamen Innovieren ein. Teile vorbehaltlos Wissen.
- Wen kannst du als externen Impulsgeber dazu holen? Hier greife ich gerne aus fremden Kategorien mit Inspirationen und Lernkurven, im Positiven wie Negativen, zurück.

Leichtigkeit und Open-Innovation

Ideen entstehen immer im Kontakt mit Menschen. Wie hoch ist deine Open-Innovation-Rate? Ich behaupte, je offener du für externe »Fresh Brains«, für externe Erfinder bist, je intensiver du kooperierst, je mutiger du bist, dich auf Neues einzulassen, umso höher ist dein Innovationsgrad. Hinzu kommt, dass es eine sehr hohe Wahrscheinlichkeit gibt, dass Innovationen schneller umgesetzt werden können, weil du dich externen Know-hows, externer Ideen und Prozesse bedienen kannst. Ganz nebenbei fördern das Teilen von Inspirationen und ein gegenseitiger Informationsaustausch die Innovationskultur. Darüber hinaus erzeugt die Verpflichtung, etwas Gemeinsames zu gestalten, auch einen gewissen (positiven) Druck.

Sparring ∞

Mach es dir leichter und lass dich inspirieren: Besuche Erfinderplattformen, Patent-Sharing-Plattformen oder briefe externe Scouts oder Crowds.

Leichtigkeit und dein persönliches Innovation-Advisory-Board

Gehörst du auch zu denen, die nie nach dem Weg fragen würden, auch wenn sie auf diese Weise viel länger brauchen oder sich gar verfahren? Ich habe viele Manager kennengelernt, die nie über ihr eigenes Ego springen konnten und sich lieber den Mund zunähen lassen würden, als andere um Hilfe zu fragen. Aktiv um Unterstützung und Hilfe zu fragen, hat nichts mit Schwäche oder Versagen zu tun, sondern ist ein Zeichen von Souveränität und Stärke.

Wie sieht dein individuelles und persönliches Innovation-Advisory-Board aus? Wie ist hierbei das Gleichgewicht von Geben und Nehmen? Aktives Netzwerken gehört zu meinen Lieblingsaktionen und nach jedem Kontakt habe ich garantiert mindestens einen neuen inspirierenden Impuls mehr als vorher. Ich tausche mich genauso persönlich wie über diverse digitale Tools aus: Webinare, Skype, Conference-Calls und anderes. Teste und spiele einfach mit den unterschiedlichsten Tools, bis du dein Setting und deine Favoriten gefunden hast.

Sparring ∞

- Mache es dir leichter und bau dir dein individuelles Innovation-Advisory-Board auf? Wer ist auch hier Must-have-, Nice-to-have- und ein echter WOW-Kandidat?
- Mache es dir leichter und vereinbare mit deinem persönlichen Innovation-Advisory-Board regelmäßige Calls, ad-hoc oder als eine Art Sparring-Jour-Fix in Form sich wiederholender Kalendereinträge.

Leichtigkeit und Freiraum

Innovation braucht Freiräume: mentale, budgetäre, zeitliche, ungebriefte und – wie gerade besprochen – Freiräume in der Kontaktaufnahme.

Erwartungen, Freiräume und Grenzen sind keine festen Größen, die sich nach wissenschaftlichen KPI definieren lassen. Sie sind nicht statisch, sondern verändern sich in Abhängigkeit von den äußeren Umständen und von den handelnden Personen. Freiräume schaffen und Grenzen setzen. Das Ganze kombiniert mit einer alten Weisheit »*Es ist einfacher, um Verzeihung, als um Erlaubnis zu bitten.*«

Freiräume sind praktisch nie klar definiert. Nutze also all deine Möglichkeiten und du wirst sehen, dass deine Freiräume immer größer werden. Dein Umfeld wird von deinen Initiativen profitieren.

Natürlich kannst du mit einem Projekt auch vor die Wand laufen, das gehört auch dazu, wenn du dich mit Neuem beschäftigst. Der Kuss mit der Wand – wie ist dein Reaktionsmuster in solchen Situationen? Liegenbleiben und frustriert feststellen: »*Ich habe es ja gewusst.*« Oder Staub abklopfen, schütteln, aufstehen, reflektieren und das nächste Projekt entsprechend neujustiert angehen?

Wenn deine proaktiven Aktionen nicht gesehen oder nicht wertgeschätzt oder gestoppt werden, dann denk einmal darüber nach, ob das Umfeld, in dem du dich gerade befindest, das Beste für dich ist? Das ist der Zeitpunkt, wo ich gerne mein Hippie-T-Shirt mit »*Love it, change it or leave it*« ganz unten aus meinem Kleiderschrank herauskrame. Du hast die Wahl! Du bist für dich selbst verantwortlich.

Wie bekommst du mehr Leichtigkeit in deine Freiräume und auch anders gefragt: *»Wie bekommst du mit Leichtigkeit Freiräume?«*

Angst vor Fortschritt: Genauso, wie sich mit der Zeit die Anforderungen an ein Unternehmen ändern können, verändern sich auch die Anforderungen an das Arbeitsumfeld. Wird in einem Unternehmen jedoch krampfhaft an alten Traditionen und Umgangsformen festgehalten, ist das eine Umgebung von Besitzstandswahrung und es entstehen kaum noch Freiräume. Dazu zählen beispielsweise lange Kommunikationswege und steile Hierarchien. Diese führen zu langwierigen Entscheidungsprozessen und sinkender Motivation, die jede Eigeninitiative ersticken.

Zu wenig Durchatmen: Es schadet zwar der Produktivität, wenn du immer wieder von der Arbeit abgelenkt und unterbrochen wirst, während du versuchst, dich auf eine Aufgabe zu konzentrieren. Das bedeutet aber nicht, dass du nicht trotzdem regelmäßige Pausen machen sollst. Die Konzentration lässt ohnehin nach spätestens 90 Minuten nach. Wenn du meinst, ich bin der Held, ich brauche keine Pausen oder ich habe keine Zeit für Pausen. Stopp! Wer

ohne Pause arbeitet, ist nicht produktiver, sondern anfälliger für Fehler. Hol dir ein Kalt- oder Heißgetränk deiner Wahl, gehe raus an die frische Luft oder mach ein wenig Small-Talk mit Kollegen. Ich will nicht zur Arbeitsverweigerung aufrufen oder zur Verschwendung von Zeit, aber es ist Fakt, dass du nach einer kurzen und entspannenden Ablenkung wieder motivierter, leistungsfähiger und kreativer bist. Beispielsweise, ich mache gerne One-to-one-Briefings oder kleine Meetings im Gehen. Dafür nutze ich eine kleine DIN-A5-große Tasche, in der ich alles notwendige mobil dabei habe: Mini-iPad, Post-Its, Eddings etc. Eine so einfache und im wahrsten Sinne des Wortes erfrischende Abwechslung jenseits des am Po Hornhaut-produzierenden nächsten Meetings in der klassischen Sitzhaltung. Übrigens sollte das auch eine Golden Rule sein, wenn du Workshops moderierst: Baue konsequent nach 90 Minuten eine Pause ein. Ansonsten nehmen sich deine Teilnehmer ihre Pause alleine.

Anti-Großraum-Charme: Ein No-Brainer, der an seinem Arbeitsplatz unzufrieden ist und sich dort unwohl fühlt, wird keine gute und befriedigende Arbeit leisten. Daher sollten Arbeitgeber neben den eigentlichen Arbeitsplätzen auch Möglichkeiten schaffen, abzuschalten oder sich locker untereinander auszutauschen. Gerade bei Start-ups finden sich deshalb oft Kicker oder Billardtische, um Stress abzubauen sowie kuschelige Lounge-Ecken für Brainstormings oder Plauderrunden. Hier müssen nicht die typischen Designermöbel stehen, die heutzutage in fast jedem Corporate stehen. Auch mit kleinem Budget kann ein individueller Stil gefunden werden, der passend ist und allen gefällt und es muss auch nicht der Klassiker, der Kicker-Tisch, sein. Auch hier ist Kreativität im Office-Design gefragt.

Fehlende Delegation: In einem Team oder einer Abteilung arbeiten zwangsläufig die unterschiedlichsten Charaktere zusammen. Jeder mit seinen eigenen Stärken und Schwä-chen. In einem produktiven Arbeitsumfeld sollten diese erkannt und die Aufgaben entsprechend verteilt werden. In unproduktiven Büros dagegen fehlt diese stärkenorien-tierte Delegation. Stattdessen herrscht oft starres Hierar-chiedenken und Prozess-Hörigkeit.

Unflexible Strukturen: Flexible Arbeitszeiten oder die Möglichkeit, einen Teil der Arbeit im Homeoffice zu erle-

digen – immer mehr Unternehmen erkennen, wie wichtig es ist, die eigenen Organisationsstrukturen flexibler zu gestalten. Der erste Schritt ist die Erkenntnis, dass bei-spielsweise von zu Hause aus zu arbeiten nicht bedeutet, dass Arbeit liegenbleibt oder die Ergebnisse nachlassen. Grundvoraussetzung hier ist eine gelebte Vertrauens-Kultur.

Kontrollwahn und der Zwang, alles und jeden kontrol-lieren zu wollen: Eine der prägendsten Voraussetzung ist, Unsicherheiten aushalten zu müssen. Jeden Prozess-schritt mit Tabellen zu kontrollieren oder alles und jeden unter Kontrolle haben zu wollen, ist nicht nur sinnbefreit, es macht auch nachweislich unglücklich.

Tipp

Machst du es dir selbst manchmal schwer? Mein Appell: Mach es dir k-o-n-s-e-q-u-e-n-t leichter und leichter. Was sagt dein persönliches Innovation-Advisory-Board? Was kannst du ggf. von Dritten auf dich und deine Umgebung übertragen?

Wo und wie kannst du konsequent Prozesse »entkrampfen«?

Leichtigkeit und (Miss-)Erfolge feiern

Ein Ziel wegen eines Rückschlages aufzugeben, wäre so, als würdest du bei einem Reifen-Platten deines Autos auch die anderen drei Reifen aufschlitzen. Erfolg motiviert und treibt uns zu neuen Leistungen an. Aber auch Misserfolge können motivieren, nämlich dann, wenn wir die Gewissheit haben, das Ziel trotz des Rückschlags erreichen zu können. Denn alleine schon die Aussicht auf einen Erfolg aktiviert im Gehirn unser Belohnungssystem und spornt uns an, dass wir dranbleiben und unsere Ziele weiterverfolgen. Und ganz wichtig ist, dass wir trotz des Tagesgeschäftes, trotz voller Agenden, trotz Hektik und Druck nicht vergessen, unsere Erfolge zu feiern. Wie du sie feierst, ob alleine oder mit deinem Team, bleibt alleine deiner Kreativität überlassen.

Sparring ∞

Mach es dir leichter und nutze deinen eigenen Antrieb, deine intrinsische Motivation. Motiviere dich selbst – kein anderer ist dafür verantwortlich und kann dir diese Aufgabe abnehmen.

Innovation-Sparring: Leichtigkeit

- Wo siehst du – auch die unsichtbaren – Barrieren (Abläufe, Prozesse, Kommunikation etc.)?
- Was liebst du an deinen Aufgaben und was kannst du selbst ändern oder sogar konsequent streichen?
- Wie schaffst du dir eine Atmosphäre fühlbarer Erleichterung und Leichtigkeit?

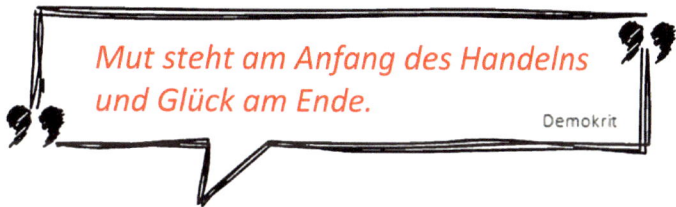

Mut steht am Anfang des Handelns und Glück am Ende.

Demokrit

157

Deine Mind-Map: Leichtigkeit

Leichtigkeit

Faktor fünf: ERNTEN – Wie funktioniert Erfolg nachhaltig?

Bei meiner Recherche habe ich die unterschiedlichsten Betrachtungsweisen gefunden: philosophische, psychologische, neurowissenschaftliche, kybernetische – wow, aber im Endeffekt ist eine Entscheidung doch immer ein Preisvergleich. Ein Vergleich der Vor- und Nachteile und der jeweiligen Optionen, gegenüber einer Vielzahl an Alternativen, gepaart mit einem Touch an Unentschiedenheit, resultiert aus erkanntem Unwissen und Unklarheit über die Konsequenz der favorisierten Möglichkeit. Triffst du keine Entscheidung, treffen andere sie für dich, d.h. Nicht-Entscheiden ist die Entscheidung, die Entscheidung an Dritte zu delegieren.

e1 Entscheidung

Willst du Innovationen? Brauchst du Innovationen? Wollen du und dein Unternehmen auch in Zukunft bestehen?

Oh, ja, oh, nein

Oder: Eine Entscheidung ist die Wahl und Handlung aus mindestens zwei Alternativen, besser Handlungsalternativen unter Beachtung übergeordneter Ziele. Wie hoch ist der Informationsgrad aus tatsächlich vorhandenen und sachlich notwendigen Informationen? Was sind potenzielle Störfaktoren? Welche Rolle spielen meine Gefühle und Intuitionen?

In der Theorie wird der Entscheidungsprozess gerne in zehn Phasen beschrieben:[54]

1. Diagnose → 2. Zielsetzung → 3. Problemdefinition → 4. Informationsbeschaffung und -auswertung → 5. Suche nach Handlungsalternativen → 6. Antizipation erwünschter und unerwünschter Folgen → 7. Prognose der Konsequenzen hieraus → 8. Handhabung der Prognoseunsicherheit → 9. Bewertung und Vergleich von Entscheidungsalternativen und → 10. Umsetzung der Entscheidung und Umsetzungskontrolle.

Soweit die Theorie: Und hast du die Zeit, dich durch alle Phasen zu arbeiten? Vor einigen Jahren habe ich in Wien ein Seminar mit dem Titel »Die Kraft des Denkens« besucht. Das Thema interessiert mich, aber eigentlich habe ich mich nur angemeldet, weil damit geworben wurde, dass ein »Original«-Shaolin-Mönch für Übungen anwesend ist. Als Zielgruppe wurden nicht okkulte Feuerläufer angesprochen, sondern Manager aus der Industrie. Ich

war positiv überrascht. Es war ein bewusst kleingehaltener Kreis aus zwölf Teilnehmern und allesamt aus der Industrie von namhaften Unternehmen und Unternehmensberatungen. In der Einführung erzählte der Seminarleiter, dass Manager »früher« in der Lage waren, sich alle notwendigen Informationen zur Entscheidungsfindung zu beschaffen und diese in ihrer Entscheidung berücksichtigen konnten. »Heute« haben Manager diese Zeit nicht mehr, auch nicht die Ruhe, relevante Daten mental zu verarbeiten. Heute lässt der Kalender kaum eine Phase des Durchatmens und von allen Seiten prasseln Information in Highspeed 5G auf einen ein. Heute ist die Kombination aus Erfahrung, »kalkulierbarem Risiko-Management« und Intuition gefragt. Letzteres haben sich einige Manger abtrainiert, bewusst oder unbewusst. Und deshalb haben Literatur und Seminare dieser Art einen großen Zulauf – gerade bei Menschen, die eher zahlenfokussiert sind.

Hast du die Zeit und Muße, dich durch alle oben genannten zehn Phasen zu arbeiten oder nutzt du auch die Kraft des Denkens mit einer großen Portion Bauchgefühl und Intuition?

---

54 https://de.wikipedia.org/wiki/Entscheidungstheorie

Sparring ∞

- Eine Entscheidung ist das Ergebnis des Abwägens von Vor- und Nachteilen von Optionen gegenüber deren Alternativen.
- An jeder Entscheidung hängt ein Preisschild. Welchen Preis bist du bereit, für deine Entscheidungen und Innovationen zu zahlen?

Angeblich haben wir nicht nur mehr als 60.000 Gedanken, sondern wir treffen auch über 20.000 Entscheidungen pro Tag. Kluge Menschen haben diese Zahl nachgezählt oder einfach geraten. Dazu zählen wichtige und weitreichende Entscheidungen ebenso wie die Entscheidung, ob ich nach dem Aufwachen zuerst mein Smartphone in die Hand oder meine Partnerin in den Arm nehme. Okay, die falsche Antwort kann hierbei auch weitreichende Folgen haben. Wie dem auch sei, wir treffen Entscheidungen bewusst oder unbewusst, nach langem Hin und Her oder spontan und schnell, rational und kopfgesteuert oder aus dem Bauch heraus. Meiner eigenen Erfahrung nach funktioniert Letzteres, also das intuitive Entscheiden, genauso gut wie Entscheidungen auf Basis unzähliger PowerPoint-Charts oder Excel-Tabellen. Ich habe keine Glaskugel und

Entscheidungen haben auch immer einen Anteil an Sicherheit und Unsicherheit, Risiko und Ungewissheit.

»Wenn du eine Entscheidung treffen musst und du triffst sie nicht, ist das auch eine Entscheidung«, sinnierte einst der amerikanische Psychologe *William James*. Eine Entscheidung zu treffen, bedeutet jedoch weit mehr, als nur zwischen Alternativen zu wählen.

100 % oder gar nicht

Eine Entscheidung gibt uns Klarheit und daraus entsteht Handlungsenergie. Das Gegenteil einer gefassten Entscheidung ist das energiefressende Hin und Her, das Zögern und nervige Hinausschieben oder Verschieben, indem noch einmal neue oder weitere Zahlen angefragt werden. Wer sich nicht traut, Entscheidungen zu treffen, verliert den Respekt vor der Entscheidung, nicht selten den Respekt Dritter und vor allem den Respekt vor sich selbst. Und banal ausgedrückt, es nervt einfach.

Was hindert uns, Entscheidungen zu treffen? Der Akt der Entscheidung ist begleitet von Unsicherheit, Verlustängsten und der Angst, sich für das Falsche zu entscheiden. Jede Entscheidung schließt gleichzeitig Alternativen aus. Bei Entscheidungen, die auf langfristige Ziele einzahlen, kommt erschwerend hinzu, dass wir ihre Ergebnisse und Erfolge erst in der Zukunft sehen werden. Wie können wir uns also selbst überlisten, um schneller zu entscheiden?

Sparring ∞

- Nimm dir eine Auszeit und konzentriere dich auf die Entscheidung. Schalte alle Störungen aus. Fokus und Konzentration sind Must-haves.
- Tritt einen Schritt zurück und nimm eine andere Perspektive ein. Wie sieht die Situation aus der Vogelperspektive aus? Nimm Abstand.
- Macht es Sinn, dass du dir weitere Impulse über dein Innovation-Advisory-Board einholst? Nur, entscheiden darfst du selbst.

»Das Risiko falscher Entscheidungen ist dem Schrecken der Unentschlossenheit vorzuziehen.«
Moses Maimonides

Oftmals fokussieren wir uns eher auf den mit der Entscheidung verbundenen Verlust und trauern diesem hinterher, als uns über das Objekt unserer Wahl zu freuen. Und das führt dazu, dass wir aus Angst vor Verlusten, und mit einem gewissen Abstand betrachtet, manchmal einfach ziemlich dämliche Entscheidungen treffen: solche, die kurzfristige Belohnungen versprechen. Bevor wir uns auf ein langfristiges Ziel verpflichten, erliegen wir lieber der Instant-Belohnung einer kurzfristigen Lösung. Anstatt simple Klarheit zu gewinnen, werden wir zu Weltmeistern der Kompromisse und halbschwangeren Lösungen.

Wenn du dich nicht entscheiden kannst, ist das auch eine Entscheidung – leider die schlechteste. Entscheidungsparalyse heißt das im Fachjargon und bedeutet, dass wir uns manchmal am liebsten gar nicht entscheiden wollen. Hauptsache, es bleibt alles beim Alten. Nur: Mit Entwicklung und Innovation hat das nichts tun.

Sparring ∞

Bedenke bei deiner nächsten Entscheidung folgende Punkte:
- Stress führt zu riskanteren Entscheidungen.
- Wir entscheiden uns in der Regel für die erste Option.
- Wir entscheiden uns eher für Bekanntes als für Neues (Rekognitionsheuristik).
- Wer sich nicht entscheiden kann, sucht nach weiteren Alternativen (Decoy-Effekt).
- Optimisten und Gutgelaunte entscheiden großzügiger.
- Schlechtgelaunte haben den schärferen Blick aufgrund gesteigerter Aufmerksamkeit.
- Im Stehen treffen wir rund 25% bessere Entscheidungen.

Probiere folgende Entscheidungshilfen:
- Um Vielleicht-Entscheidungen zu vermeiden, tendiere ich persönlich zu ganz oder gar nicht. Habe ich mich entschieden, verpflichte ich mich selbst dazu, meine Entscheidung mit ganzer Energie umzusetzen.
- Ein kleiner Trick können Tendenzen und Gewichtungen sein. Überlege dir, was dir wirklich-wirklich wichtig ist.
- Verabschiede dich vom Vollkasko-Denken. Du wirst nicht immer die richtige, die perfekte Entscheidung treffen. Du wirst die Entscheidung treffen, die für dich im Moment richtig ist.

Um Szenarien und Hypothesen für potenzielle Auswirkungen deiner Entscheidung zu finden, kannst du das von *Suzy Welch* beschriebene »10-10-10-Modell«[55] nutzen. Frage dich, welche Auswirkungen deine Entscheidung in zehn Tagen, in zehn Monaten und in zehn Jahren haben wird? Variiere die Zeiträume gerne und mach ein 8-8-8-Modell oder 12-12-12-Modell daraus. Diese Frage bringt zum einen reizvolle Spannung in den Denkprozess, zum anderen führt sie dazu, dass man wichtige Entscheidungen nicht zwischen Meetings oder nebenbei während des Lunchs trifft.

Treffe deine Entscheidungen rund um das Thema Innovationen (Kultur, Prozesse, Definitionen etc.) und bringe Eindeutigkeit und Klarheit, Energie und Engagement in dein Denken.

---

55 Suzy Welch (2009): 10-10-10: A Life-Transforming Idea.

Sparring ∞

- Welche Art von Innovation hat für dich Priorität: Innovationöchen, disruptive Lösungen oder neue Service- und Business-Modelle? Wie definierst du deine Auswahl?
- Willst du gute oder schlechte Ideen? Wenn gute, wie bewertest du Ideen? Was sind deine KPI?
- Willst du schlanke Prozesse oder komplexe? Wenn schlanke: Wie verschlankst du konsequent und auf was verzichtest du?
- Innovierst du mit ganzer Leidenschaft und Bereitschaft, zu 100 % oder gar nicht? Wie erreichst du das Level von 100 %?

- Willst du kurz- und langfristig mit Innovation erfolgreich am Markt sein?
  Ja: □   Nein: □
  Wenn ja, wie?
- Investierst du nachhaltig in deine Innovationskultur und in einen positiven Change?
  Ja: □   Nein: □
  Wenn ja, wie?

- Investierst du in Entrepreneurial-Skills deiner Mitarbeiter?
  Ja: □   Nein: □
  Wenn ja, was ist dein Investment konkret?
- Hast du Vertrauen in die Talente und Stärken in jedem Einzelnen deiner Mitarbeiter (und auch in dir selbst)?
  Ja: □   Nein: □
  Wenn ja, wie zeigst du es bzw. welche Signale sendest du aus?
- Investierst du in in- und externe Inspirationen (Impulsgeber, Experten, Messen, Advisory Board etc.)?
  Ja: □   Nein: □
  Wenn ja, wie und in welche?
- Investierst du in Open Innovation (CrowdCreativity Platforms etc.)?
  Ja: □   Nein: □
  Wenn ja, wie und in welche?
- Investierst du in Kooperationen (Universitäten, Start-ups etc.)?
  Ja: □   Nein: □
  Wenn ja, welche?

Und wenn du bei einer oder einigen Fragen Nein angekreuzt hast, warum, respektive, was hält dich davon ab und davon auf?

Innovation-Sparring: Entscheidung

- Welche Entscheidungen stehen – in puncto Innovation – für dich als nächstes an?
- Wen kannst du aus deinem Innovation-Advisory-Board um Empfehlungen und Tipps fragen?
- Was sind deine nächsten konkreten Schritte? Was machst du jetzt für morgen?
- Wie kannst du die Macht deiner Intuition stärken?

Entscheidung heißt Zündung.

Manfred Hinrich

Deine Mind-Map: Entscheidung

Entscheidung

e2 Erfolg

Wann ist deine Innovation ein Erfolg? Wann ist der ROI – hier: *Return on Insight* oder *Return on Idea* – erreicht? Wenn die Innovation einen bestimmten Deckungsbeitrag beisteuert, der Kunde »Hurra« schreit oder du mit deiner Idee die Regeln einer Kategorie gebrochen hast?

Gibt es ein Erfolgsgeheimnis oder eine Regel zum Erfolg? Wenn du der Ansicht bist, diese gefunden zu haben, bitte schreibe sie mir als Tipp und Inspiration. Aber, Erfolg ist individuell. Deine Erfolgsregel wird anders sein als meine und sich vielleicht nicht 1:1 übertragen lassen. Dafür sind Unternehmen viel zu unterschiedlich und zu komplex – aber es kann eine weitere Inspiration sein.

Positive Angewohnheiten: Was mache ich heute anders, was ich mich gestern noch nicht getraut habe?

Gib dir und deinem Team die Möglichkeit, zu Chancen-Trüffelschweinen zu werden – natürlich im übertragenen Sinne. Im Folgenden gebe ich dir dazu einige Impulse. Wenn auch nur *ein* Impuls für dich dabei ist, den du umsetzen willst, dann hat es sich für dich in jedem Fall gelohnt, mir in diesem Buch bis hierher gefolgt zu sein.

Ausruhen ist kein Business-Modell

+ Sei überraschend und ungewöhnlich
Der Markt ist voll mit austauschbaren Angeboten und Kopien von Kopien. Beschreibe die Seite neu und starte mit einer Blanko-Seite – erfinde dich und dein Geschäftsmodell neu. Was ist ein einzigartiger MEHRwert für deine Kunden und auch Noch-nicht-Kunden?

+ Setze dir visionäre und große Ziele
Große Visionen und große Ziele (Big Pictures) sind ein enormer Treiber und setzen große Kräfte frei. Ergänzt durch eine klare Strategie, eine eindeutige Positionierung, ausgehend von den Bedürfnissen und Erwartungen der Kunden tragen sie enormes Erfolgspotenzial in sich.

+ Emotionale Kundenbindung

Kunden binden und fesseln im positiven Sinne. Es gibt die variantenreichsten Argumente, um Kunden zu binden. Bestes Produkt, bester Service oder bester Preis. Allerdings werden preissensitive Käufer immer nur auf den kleinsten Preis anspringen. Solche Unternehmen hecheln immer hinterher, um auch wirklich den kleinsten Preis anzubieten. Loyale und treue Kunden, dazu mit einer hohen Empfehlungsrate, kann man jedoch nur durch eine hohe emotionale Bindung gewinnen. Emotionale Bindung ist Umsatztreiber und Loyalitätsgarant. Denn Kunden sind auch Menschen und binden sich ungern an kalte Strategien. Sie bevorzugen den Kontakt mit anderen Menschen und suchen emotionale Bindung. Menschen binden Menschen. Ein emotional gebundener Kunde ist ein besonders loyaler Kunde, auch angesichts vermeintlich günstigerer Mitbewerber. Emotional gebundene Kunden haben eine höhere Wiederkaufsabsicht, Weiterempfehlungs- und Cross-Buying-Bereitschaft, dazu ein höheres Vertrauen und Commitment – sie fühlen sich einfach gut aufgehoben, gebunden, aber nicht gefesselt.

Gehe auch hier die Extra-Mile. Übertreffe die Erwartungen deiner Kunden über den reinen Kauf hinaus, indem du zuverlässige Lösungen anbietest, dazu einen einzigartigen Service und relevante Nutzenversprechen. Begeisterte Kunden wollen mehr wissen, d.h., erzähle Geschichten (keine Märchen), z.B. rund um dein Produkt. Was z.B. war der Impuls und der Insight zu deiner Idee? Was lässt sich über die Herstellung und die Produktion, die Verpackungen, natürlich auch über die Mitarbeiter, erzählen? Besser noch, lass deine Kollegen und Mitarbeiter selbst zu Wort kommen und ihre Geschichte erzählen. Hast du einen Kunden begeistert, wird er es kommunizieren und das ist effektiver und unbezahlbarer Multiplikator und Kommunikationswert – B2B wie B2C.

Was macht dein Unternehmen und deine Lösung wirklich einzigartig?

+ Inspirations- und Knowledge-Star

Nutze jede Art von Inspiration und du wirst überrascht sein, was du alles – zufällig – entdecken wirst. Nimm konsequent die Scheuklappen ab, stelle deinen Autofokus auf

Weitwinkel und trainiere mit deinem Team den 360-Grad-Blick in alle Kategorien.

+ Denke in Optionen, Möglichkeiten und Szenarien
Übe dich in proaktivem und chancenmotiviertem Denken. Dazu können durchaus auch Negativ-Szenarien gehören: Wer kann uns behindern? Wo gibt es Barrieren? Was könnte uns stoppen? Welche Chancen lassen sich aus den Antworten ableiten?

+ Kooperationen
Jeder neue Kontakt bringt neue Sichtweisen, neues Know-how und neue Optionen. Kooperiere und denke über Grenzen hinweg! Falls du dabei mentale Barrieren verspürst, durchbreche und umschiffe sie proaktiv. Kooperation im Sinne von Open-Innovation und involviere und challenge neue Ideen gemeinsam und auf Augenhöhe mit deinen Kunden, Lieferanten, mit Universitäten, Erfindern und via Crowd-Plattformen oder deinem Innovation-Adisory-Board. Die zur Verfügung stehende externe Kreativität ist praktisch unendlich – nutze das für dich. Auch hier bin ich immer erschrocken, zu sehen, wie sich viele Unternehmen in den eigenen vier Wänden abschotten und gegen ex-

terne Feedbacks und Ideen verschließen. Was veranlasst sie dazu? Sind sie einfach kontaktscheu? Haben sie Angst, Firmengeheimnisse preiszugeben? Alles ist regelbar, es ist sogar relativ einfach regelbar, wenn man über ein magisches Skill verfügt, das Kommunikations-Skill.

+ Erfolgsfaktor Kommunikation
Zuhören, fragen, kommunizieren – wie essenziell wichtig Kommunikation ist, haben wir besprochen. Ich möchte es an dieser Stelle der Vollständigkeit halber noch einmal erwähnen. Aktiviere konsequent dein Kommunikations-Gen und sei auch hier mutig in der Praxis neuer, alternativer Kommunikationskanäle.

+ Vorbild, Glaubwürdigkeit, Werte
Das Management muss die Geschäftspolitik überzeugend und glaubwürdig nach innen wie außen vertreten, vorbildlich sein, an einem gemeinsamen Strang ziehen und jedem Kollegen und Mitarbeiter vermitteln, was konkret seine Aufgabe ist, um das gemeinsame Ziel zu erreichen und die Unternehmenspolitik und -strategie umzusetzen. Ein Leitbild mit gemeinsamen Werten bedeutet vor allem, diese Werte auch zu leben. Zu häufig werden Werte zwar

aufmerksamkeitsstark extern kommuniziert und dekorativ in Eingangshallen geparkt, aber zu wenig glaubwürdig nach innen gelebt. Mitarbeiter erfahren häufig erst durch die Presse, welche Werte Unternehmen vertreten oder wie sie mit Leben gefüllt werden, erleben intern aber etwas ganz anderes. Das erzeugt Corporate-Magengeschwüre. Werte, die nur als Dekor dienen, sind wie vermoste Grabsteine.

+ Faktor Menschlichkeit

Was macht Unternehmen erfolgreich? Wenn die Mitarbeiter keinen Spaß an der Arbeit haben, läuft das Geschäft schlecht: So lautet das Fazit von Arbeitsforschern.[56] Intrinsisch motivierte und gut gelaunte Angestellte hingegen sind die beste Werbung für ein Unternehmen. Doch die Realität sieht anders aus: Für viele ist ihr Broterwerb eine Qual. Die AOK fand kürzlich heraus, dass eine schlechte, negative Unternehmenskultur auch die Gesundheit der Beschäftigten in Mitleidenschaft zieht.[57] Kennst du den Sycomore-Happy@Work-Aktienfonds?[58] Dieser Fonds investiert ausschließlich in Unternehmen, für die das Wohlergehen der Mitarbeiter von großer Bedeutung ist. Glückliche Mitarbeiter sind produktiver und tragen so entscheidend zum Unternehmenserfolg bei. Dieser einfachen Gleichung folgt die französische Fondsboutique Sycomore Asset Management. Die Auswahl erfolgt über eine disziplinierte Fundamental-Analyse, bei der der sozialen Dimension Vorrang eingeräumt wird. Gewinnbeteiligungen, Weiterbildung, Vermeidung von Arbeitsunfällen, geringe Mitarbeiterfluktuation oder Fehlzeiten spielen eine Rolle bei der Auswahl der Portfolio-Unternehmen. Auch die Einschätzungen von Experten, Personalchefs und Mitarbeitern sowie die Ergebnisse von Unternehmensbesuchen fließen in die Beurteilung mit ein.

---

56 Siehe http://www.team-entwicklung.net/Blog_files/455cb56b80f7bb0b4c2382bf3da5a7b4-230.html

57 http://www.aok-business.de/gesundheit/bgf-in-ihrer-organisation/gesunde-unternehmenskultur/

58 http://www.dasinvestment.com/sycomore-happywork-fonds-neuer-themenfonds-setzt-auf-glueckliche-mitarbeiter/

In einem Unternehmen sagte mir gegenüber einmal ein leitender Angestellter in schönstem Schwäbisch: »... *meine Leute sollen nicht glücklich sein, die solle schaffen.*« Und? Sind die Mitarbeiter in deinem Unternehmen happy? Gibt es bei dir vielleicht sogar einen Corporate-Happiness-Beauftragten? Stellst du deine Mitarbeiter (wirklich) in den Mittelpunkt – nachhaltig?

Das Gehalt ist kein Schmerzensgeld. Respekt und Würde im Umgang miteinander werden ein immer wichtigerer Erfolgsfaktor für Unternehmen. Wir müssen den Mitarbeitern die Überzeugung geben, dass ihre Lebenszeit in Form von täglicher Arbeitszeit, Kreativität und Einsatz wertgeschätzt wird.

+ Positive Energie

Von Kalifornien ausgehend, ist in der Arbeitswelt der gut qualifizierten Arbeitnehmer etwas Neues zu beobachten: Rund-um-Beglückung gegen Leistung. Technologiekonzerne wie Google, Apple und Facebook gehören zu den beliebtesten Arbeitgebern, nicht nur in den USA. Mit vielen Annehmlichkeiten versuchen diese Unternehmen, Arbeitnehmer für sich zu gewinnen: durch Gratis-Essen,

Freizeitangebote, Bügelservice, Kindertagesstätten und Shuttle-Bussen zur Arbeit. Erfolgreiche Unternehmer spenden positive Energie, sie nehmen sie nicht weg.

In den deutschen Google-Filialen sieht es nicht aus wie in einem »normalen Unternehmen«. Eher drängt sich der Eindruck einer lustigen Wohngemeinschaft oder eines Abenteuerspielplatzes für Erwachsene auf. Hauseigenes Fitnessstudio, Gratis-Essen und andere, eher unübliche Dienstleistungen als Extra für die Mitarbeiter. Als mentales Extra hat Google die 20-Prozent-Regel eingeführt, d.h., jeder Mitarbeiter hat ein Fünftel seiner Arbeitszeit zur freien Verfügung, um eigene Ideen weiterzuentwickeln. Ein anderes Beispiel ist das Headquarter von dem Bekleidungshersteller Björn Borg[59] in Stockholm. Damit niemand sagen kann, er hat keine Zeit für Sport, ist im Arbeitsvertrag Sport für alle festgeschrieben, jeden Freitag, für alle und jeweils von 10:00 bis 12:00 Uhr. Der Geschäftsführer *Henrik Bunge* geht mit positivem Beispiel voran und schwitzt mit

---

59 https://www.rtl.de/cms/schwedische-firmen-verpflichten-mitarbeiter-zum-sport-4168679.html

171

seinen Mitarbeitern mit. »*Das Training macht uns stärker, besser, gesünder und sogar klüger. Wir haben es zur Pflicht gemacht, um mögliche Ausreden zu verhindern wie: ›Ich habe keine Zeit! Nicht heute!‹*« Geht das Björn-Borg-Modell auch bei uns in Deutschland oder versinken wir hier eher in Diskussionen mit Betriebsräten und Arbeitsrechtlern?

Google oder Björn-Borg, man kann den Deal[60] mit dem Arbeitgeber auch so formulieren: »*Du bringst eine überdurchschnittliche Leistung und wir sorgen überdurchschnittlich gut für dich.*«

+ Diversity

In der Regel wird Diversity maximal in Richtung Geschlechter, Hautfarben, Ausbildung oder Alter verstanden, leider weniger in puncto kreativer Mindsets. Doch genau das braucht es: ein Strategie-Mindset, ein Pragmatiker-Mindset, ein Forscher-Mindset, ein Kommunikations-Mindset

und auch ein »Spinner«-Mindset, das permanent für kreative Unruhe und Inspiration sorgt.

Ein Team, das aussieht wie eine Armee der Klonkrieger aus STAR WARS – alle gleich vom Denken bis zum Dresscode – kann heutzutage kein Erfolgsrezept mehr sein. Gelebte Diversity, Vielfalt siegt gegenüber Monotonie.

Unsere größten Erfolge sind mit Unbequemlichkeit, Unsicherheit und einer Portion Risiko verbunden. Aber es lohnt sich.

+ Game Changer

Game Changer gehen den unbequemen Weg, auch den unsicheren, und sie verändern die Spielregeln des Marktes. Schau dir dazu Unternehmen wie Apple, Uber, Airbnb an. Was machen sie anders?

---

60 https://www.welt.de/regionales/hamburg/article114854448/Das-Kreativ-Geheimnis-hinter-den-Google-Mauern.html

Eine kleine Checkliste hilft dir, es zu verstehen:

Ein Game Changer …

- … hat eine andere Perspektive.
- … erkennt Chancen und das Big Picture.
- … kann staunen wie ein Kind.
- … liebt Neues.
- … entwickelt innovative Ideen, die sich radikal vom Markt differenzieren.
- … hat eine visionäre Strategie.
- … ist kooperativ, aber nicht konformistisch.
- … handelt intuitiv und kreativ.
- … kennt die Regeln des Marktes und stellt sie auf den Kopf.
- … ist ein Macher. Er liebt Trial & Error.
- … hat das Ziel, die Welt (positiv) zu verändern und dafür werden auch schon einmal heilige Kühe geschlachtet und Regeln gebrochen.
- … hat einen hohen Grad an Resilienz.
- … ist ein exzellenter Kommunikator und Netzwerker.
- … ist konstruktiv unbequem.
- … schafft (temporäre) Monopole.

Unternehmen, die interne Game Changer bewusst, ich will nicht sagen tolerieren, aber einsetzen, fördern, un-terstützen und motivieren mit ihren eher auf den ersten Blick unbequemen Ideen, ihrer Kultur aufzumischen, sind in puncto Innovationskultur ganz weit vorne. Game Changer sollen aber nicht nur neue Ideen und Lösungen liefern, sondern eine 360-Grad-Game-Changer-Rolle spielen, d.h. auch interne Abläufe infrage stellen, im Positiven Paradigmen brechen oder neue Methoden und Tools reinholen.

+ Klare Strukturen

Die Verantwortlichkeiten und Zuständigkeiten müssen klar geregelt sein, damit die Zusammenarbeit voneinander abhängiger Teams und Abteilungen klappt und die organisatorischen Abläufe die unternehmerischen Ziele unterstützen (»*structure follows strategy*«). Erfolgreiche Unternehmen haben klare Strategien, klare Verantwortlichkeiten und klare Definitionen. Die Treppe muss dabei stets von oben gefegt werden. Und das gilt auch für das Thema Innovation, Organisation und Vorleben.

+ Barrierefreiheit

Erfolgreich in der leanen Umsetzung ist, wer Barrieren erkennt und sie auf dem Weg zur Innovation konsequent einreißt.

Typische Innovationskiller sind:

- Innovation geschieht nur auf Druck von außen
- Alles Neue und andere wird als Spinnerei angesehen
- Mitarbeitern, die ungewöhnliche Ideen und Talente haben, die eventuell auch mal unbequem sind, wird die Unterstützung so lange verwehrt, bis sie resignieren
- Angst vor Fehlern wird geschürt
- Fantasielosigkeit und die Unfähigkeit, das Potenzial unfertiger Ideen zu sehen
- No Involvement – no Committment
- Zu viel Theorie, zu wenig Trial & Error
- Mangelndes oder kein Training
- Keine definierten Schnittstellen
- Informationssilos statt aktivem Austausch
- Chancen-Blindheit
- Einbahnstraßen-Denken vs. Open-Innovation
- Keine (emotionale) Vision, keine Ziele, keine Vorbilder, keine Anerkennung, kein Feiern
- Fütterung des Not-invented-here-Monsters durch Ablehnung von Ideen anderer
- »Das Problem« (der Innovations-Fokus) ist nicht ausreichend definiert.

+ Umsetzung

Man kann Dutzende Bücher über Tennis lesen – wenn man nicht trainiert, wird man nicht einmal die Filzkugel treffen. Zum Machen gehört auch eine große Portion an Improvisationstalent. Anfangen, improvisieren, erste Lernkurven einbauen, optimieren und weitermachen, denn:

Machen ist wie wollen, nur krasser. Vor allem wenn man nach einiger Zeit zurückblickt und sich fragt: »Warum habe ich das nicht schon viel früher gemacht?«

+ Geschwindigkeit

Wir sind langsam, aber unsere Wettbewerber sind noch langsamer.« Dieses Originalzitat aus einem DAX-30-Unternehmen wurde mir als Ausrede für Nichthandeln im Rahmen einer Workshop-Pause stolz genannt und es kann einem Angst und Bange machen. Ich kann nur immer wieder empfehlen und wiederholen, Prozesse fortwährend zu verschlanken, Entscheidungsschleifen zu reduzieren und Abläufe immer wieder zu hinterfragen. Leider ist meist das Gegenteil der Fall und statt Verschlankung hält die Controlling-Manie Einzug. Da braucht es niemanden zu wundern, wenn mental frische und in der Regel auch neue Wettbewerber wie Speed-Boote die alten Schlachtschiffe überholen oder, bildlich gesprochen, versenken. Auch hier gilt es, die Balance zu halten aus Geschwindigkeit, Agilität, Time-to-Market und Muße.

+ Attitüde

Die Einstellung macht den Unterschied. Welche Haltung gegenüber Neuem, gegenüber Ideen und Innovationen herrschen vor? Meine Empfehlungen:

- Sei offen für jede Art von Inspirationen und Ideen.
- Bleibe neugierig, werde wieder zum »Kind«.
- Tausche dich vorbehaltlos mit anderen kreativen Talenten aus.
- Sei mutig und kämpfe für deine Idee.
- Sei souverän und lass Dritte deine Idee mit- und weiterentwickeln.
- Bewerte behutsam, das gilt auch für dein Bauchgefühl.
- Verlasse immer wieder deine Komfortzone.

- Überrasche deine Kunden, auch deine internen.
- Fang an, mach – jetzt!

+ Exzellenz

Exzellenz wird spür- und sichtbar, wenn sich ein Unternehmen erlebbar von seinen Mitbewerbern abhebt. Wenn es sich traut, auch durch erfolgreiche Kooperationen und konsequente Win-win-Synergien auf das nächste Level zu springen. Wenn permanente Innovation zu einem methodischen Konzept geworden ist, dessen Mitte das Streben nach kontinuierlicher Verbesserung ist. Spitzenpositionen erobert man sich nicht verkrampft, sondern mit einer gewissen Leichtigkeit und einem Smile. ;-)

+ Kunden-Fokus

Der Kunde steht immer und zu 100% im Fokus. Ganz oder gar nicht. Dabei ist es unerheblich, ob dein Unternehmen im B2B- oder B2C-Bereich tätig ist, ob es eine Behörde, ein Service-Anbieter, Konzern oder ein Mittelstandsunternehmen ist.

+ Qualität

Gute und ehrliche Qualität ohne Wenn und Aber, ohne doppelten Boden und ohne den Kunden zu veräppeln, war es gestern schon und ist heute immer noch ein – wenn nicht der – Erfolgsfaktor. Vor einiger Zeit hat mich eine Online-Autoversicherung wirklich überrascht. Mein Anruf wurde – ohne Warteschleife und digitalem Sprachmenü – nach dem zweiten Klingeln angenommen, eine charmante Mitarbeiterin begrüßte mich mit: *»Hallo Herr Bode, mein Name ist xxx und schön, dass Sie anrufen. Was darf ich für Sie tun?«* Ich war, was eher selten vorkommt, einen Moment sprachlos und auf meine Nachfrage, wie diese personalisierte Anrede funktioniert, sagte mir die Mitarbeiterin mit einem hörbaren Lächeln: *»Sie haben Ihre Daten in unser System eingegeben und wenn Sie anrufen, erkennt das System Ihre Nummer und ich bekomme sofort alle freigegeben Daten auf meinen Bildschirm.«* Wow! Kundenzufriedenheit und -überraschung können so einfach sein. Bei dieser Versicherung bin ich nun schon seit sechs Jahren Kunde und ihr Multiplikator bin ich obendrein. *Never ever compromise on quality!*

+ Konstruktive Kritik

Nicht meckern. Nicht jammern, sondern Kritik konsequent als Chance zur ständigen Verbesserung sehen. Kritik muss nicht nur erlaubt, sondern erwünscht sein. Jeder Mitarbeiter sollte aufgefordert sein, im Unternehmen konstruktive Vorschläge zur Optimierung zu machen und einzubringen. Das hat weniger mit »Vorschlagswesen« zu tun, sondern mehr mit einer Art Mitarbeiter-Beirat. Im Idealfall ergibt sich ein kontinuierlicher Zyklus von Planung, Tätigkeit, Kontrolle und Verbesserung (PDCA-Zyklus) oder:

Plan → Do → Check → Act (→ & Celebrate)

Auch hier ergänze ich das Modell durch »c« mit *celebrate*.

Angewandtes Kaizen. Veränderung und Wandel zum Besseren. Wenn eine Optimierung umgesetzt wird, etabliert sie sich zum Standard – so lange, bis sie wieder hinterfragt und optimiert wird. Das hört sich anstrengend an, ist es aber nicht. Und es spielt der nächsten Manager-Generation, die nicht gewillt ist, Motivationsmöhrchen, wie einen grauen Mittelklassewagen oder Mittagessenzuschuss, gegen eine Burn-out-Garantie zu tauschen, in die Hände und ist damit zukunftsgerichtet.

Als kleines Tool kann man z.B. die 7W-Checkliste, ursprünglich ein Rhetorik-Hilfsmittel, nutzen:

- Was → ist zu tun? (konkrete Beschreibung der Herausforderung)
- Wer → macht es? (konkrete Verantwortlichkeiten)
- Warum → macht er es? (konkreter Grund/Motivation mit Laddering-Fragetechnik mit fünfmal »Warum?«)
- Wie → wird es gemacht? (konkrete nächste Schritte)
- Wann → wird es gemacht? (konkretes Timing)
- Wo → soll es getan werden? (konkreter Ort)
- Wieso → wird es nicht anders gemacht? (Loop)

+ Wachstum

An Wachstum ist nichts Fragwürdiges oder gar Böses, solange es nachhaltig ist und ein Win-win für alle Beteiligten bedeutet, d.h., alle Beteiligten mitwachsen. Wachstum gehört zum Leben, das sehen wir in der Natur jeden Tag: *Growth is evidence of life.*

+ 5 Wörter

1. Problem: Problemgeschwängerte Diskussionen, die ins Nörgeln und Meckern abdriften, kann man sich schenken. Ist das Problem ein konstruktives KundenPRObblem oder MarktPRObblem, das mit einer Prise Kreativität in neue Lösungen verwandelt wird, dann ist das PRObblem als Basis zur Ideenentwicklung sehr herzlich willkommen.

~~Problem~~
~~aber~~
~~versuchen~~
~~muss~~
smile

2. Aber: Stelle ein Aber-Sparschwein auf, z.B. in deinen Meeting-Raum. Für jedes negative »Aber« wird 1 € in das Schwein »investiert«. Ist es voll, kann der »Invest« für etwas Nettes für das Team genutzt werden, z.B. ein kleines,

177

gemeinsames Event. Es geht darum, ein Bewusstsein dafür zu schaffen, Ideen zuzulassen und nicht gleich durch Bedenken und Einwände kleinzureden.

3. Versuchen: Das Wort »versuchen« ist der Inbegriff von Halbherzigkeit und nimmt oftmals das potenzielle Scheitern entschuldigend vorweg. Das ist Unsinn. Mache es oder lass es! Streiche das Wort »versuchen« konsequent aus deinem Denken und deinem Wortschatz. Mach »es«, mit 100% in allem, was du tust oder lasse es.

4. Muss: Das Wörtchen »muss« signalisiert tendenziell eine Opferhaltung und erzeugt schlimmstenfalls Stress. Treffe selbstbewusst und -sicher deine Entscheidungen, und zwar nicht, weil du »musst«, sondern weil du willst. Oft höre ich auch, im Sinne von: »... *ich muss das oder jenes tun und ich habe keine Zeit*.« Ich verwirre dann gerne mit: »*Du hast keine Zeit? Wer hat deine Zeit? Du hast doch genauso 24 Stunden am Tag wie ich? Wieso lässt du dich so fremdbestimmen?*«

Innoviere mit Leichtigkeit, im Flow, mit Spaß und einem Smile.

+ Feiern

Zum Erfolg gehört das Feiern – wie auch immer du das Feiern für dich und dein Team oder Unternehmen definierst. Das kann im Kleinen mit einer Runde Kuchen oder einem Sekt funktionieren oder im großen Stil. Ich durfte bei einem DAX-Unternehmen einmal als Gastredner im sogenannten »Thinkers Club« auftreten. Hier wurden die besten 300(!) Ideeneinreicher regelrecht abgefeiert. Ich war wirklich beeindruckt, mit welchem Aufwand und Aufgebot hier die Ideengeber aller Hierarchien gefeiert wurden. Zusätzlich bekamen sie über den Tag diverse Angebote in puncto Skill-Trainings: Kreativität, Kommunikation, Prototyping. Das Ganze ging über zwei Tage inklusive Anwesenheit der Vorstände, Dinner-Party mit Live-Musik und einem Comedian, der zusätzlich für gute Stimmung sorgte. Doch ob mit oder ohne großem Budget, feiere die Erfolge und vor allem feiere sie mit allen, die zu dem Erfolg beigetragen haben. Das ist ein kleines und einfaches Zeichen von unschätzbarem Wert und in jedem Fall ein völlig unterschätztes Investment.

Konfetti, bitte, und 100-prozentig Smile — ganz oder gar nicht!

Erfolg er-folgt.

unbekannt

Innovation-Sparring: Erfolg

- Wie definierst du Erfolg für dich?
- Wie schaffst du eine permanente Aura von Erfolg, d. h., welche Ressourcen und Visionen werden zur Verfügung gestellt, damit die intrinsische Motivation und Begeisterung bei dir und deinen Mitarbeitern nachhaltig ist?
- Wie nutzt du PRObleme zur Ideengenerierung?
- Wie kannst du Erfolge feiern – auch mit einem kleinen oder keinem Budget?

Deine Mind-Map: Erfolg

Erfolg

e3 Extreme

In diesem letzten Kapitel meiner Smile-Formel möchte ich dich einladen, nicht nur an die Grenze zu gehen, sondern darüber hinaus. Ich möchte dich ermuntern, noch mutiger und kühner zu sein.

Durch einige persönliche Ereignisse befand ich mich Ende 2012 in einer Art mentalem Ausnahmezustand. Einer meiner besten Freunde war zu einem Trendwalk in New York und brachte mir aus dem MoMA ein Notizbuch mit. Er wusste, dass ich Notizbücher liebe und dieses hatte für mich eine besondere Symbolik. »Live begins at the end of your Comfort Zone« war auf das Cover des Notizbuches geprägt. Anfangs hat mich dieser Kalenderspruch genervt, aber mit der Zeit ist er ein wichtiger Antreiber und mentaler Zündfunken für mich geworden – für private als auch berufliche Innovationsthemen. Denn rückblickend habe ich immer dann die größten Entwicklungssprünge gemacht, wenn ich mich aus meinem selbst definierten Comfort-Container herausgewagt habe.

Mut, einfach machen – und da ist ein Unterschied zwischen den Weg kennen und den Weg (aktiv) gehen. Pseudo-traumatische Erlebnisse gehören dazu und auch gerade das macht Spaß.

Gehe in das Extrem – wie immer du dieses für dich und dein Team definierst. Gehe sogar bewusst noch ein, zwei Schritte weiter. Denn je mehr du dich traust, desto ungewöhnlicher werden deine Ideen und Inspirationen sein und das ist genau richtig so, auch wenn es sich im ersten Moment vielleicht nicht so anfühlt. Vielleicht warst du schon einmal Bergwanderer an einer kritischen Passage, hast Basejumping oder ähnlich extreme Dinge in deiner Freizeit gemacht? Das Gefühl dabei ist vergleichbar, als wenn du dich aus deiner beruflichen Komfortzone wagst und bewegst. Es ist eigentlich ein sehr schönes Gefühl, denn hier sagt dir dein Körper: »Du lebst!« Du bewegst dich dabei natürlich auch in eine Zone, in der der Anteil an Flops oder Fehlern größer wird. Präsentiere auch solche suboptimalen Ergebnisse, denn sie sind ein Invest in die Lernkurve und eine lebendige Innovationskultur.

Eine meiner skurrilsten Reisen hat mich nach Ithaca im Staate New York geführt. Eine kleine Stadt mit rund 30.000 Einwohnern und etwa eine Flugstunde in einer kleinen Propellermaschine von New York City entfernt. Der Taxifahrer hatte einige Probleme, unser Ziel, ein Museum, zu finden. Das lag daran, dass alle im Taxi Sitzenden ein Museumsgebäude suchten. Letztendlich strandeten wir in einer Art Industriegebiet vor einer Fabrikhalle. Das Entree war wenig prätentiös, dafür war der Eintritt umso teurer: ein vierstelliger Dollar-Betrag. Von daher war es wenig verwunderlich, dass es hier keinen klassischen Besucherverkehr gab. Der Eintrittspreis war kein reiner Eintritt, sondern die Kombination mit einer Beratungsleistung. Wir wurden begrüßt von dem »Museumsdirektor« *Professor Robert McMath*, der Gründer des »The Museum of Failed Products[61]«, persönlich. Dieses Museum war aufgebaut wie ein herkömmlicher Supermarkt. Wir nahmen uns einen Einkaufswagen und »kauften« ein. Wir pickten uns rund zwei Dutzend Produkte aus den Regalen und gingen

damit zur »Kasse«. Diese Kasse war jedoch keine Kasse, sondern ein Besprechungsraum. Wir legten ein Produkt nach dem anderen auf den Tisch und der Professor und sein Team erklärten uns, warum diese Produkte Flops waren, wie z.B. die Windel im Jeans-Design oder die wasserklare Coke. McMath hat Tausende von Flops aus dem FMCG-Bereich gesammelt und erteilt seinen Besuchern eine Beratung in Produktentwicklung und Marketing.

Was war geschehen? Ein kurzer Exkurs in die Vergangenheit: Anfang der 90er brachte Pepsi eine wasserklare Cola auf den Markt. Sie sollte jene Konsumenten ansprechen, die eigentlich keine klassische Coke mögen. Coca-Cola sprang auf den Zug auf, doch da niemand Coke trinken wollte, die wie Wasser aussieht, wurden die Produkte nach weniger als einem Jahr wieder vom Markt genommen.

Extreme in der Kommunikation: Offen über Fehler zu sprechen und aus Flops zu lernen, führt zu einer faszinieren-

---

61 Siehe unter anderem: https://whatsthepont.com/2013/11/16/do-we-need-a-public-services-museum-of-failed-products/ und https://thinkpurpose.com/2013/07/24/how-to-start-a-library-of-dead-ideas-2/

den, vor allem transparent-authentischen Lernkurve für alle.[62]

Ein ähnliches Museum findet sich auch im schwedischen Helsingborg, wo der schwedische Psychologe *Samuel West* gescheiterte Innovationen recherchiert und diese im »Museum of Failure«[63] ausstellt. Sein Credo: *»Wir leben in einer erfolgsbesessenen Kultur. Aber wir lernen vom Scheitern und Scheitern hilft uns, uns weiterzuentwickeln.«* Im Museum finden Besucher zwei Arten gescheiterter Produkte: zum einen absurde Produkte, wie grünen Ketchup oder fettfreie Pringles, zum anderen Produkte, deren Zeit noch nicht reif war, wie den Betamax von Sony.

Wo findest du Extreme? Wie kannst du ausgefallener, bedingungsloser, waghalsiger, übertriebener und hemmungsloser innovieren? Wofür brennst du? Lichterloh!

---

62 https://www.wiwo.de/unternehmen/industrie/coca-cola-pepsi-apple-und-co-diese-innovationen-waren-flops/11484978.html

63 https://www.museumoffailure.se/

If life gets boring — risk it!

Begebe dich in extreme Situationen und du wirst mit einem faszinierenden Kribbeln und einer Adrenalin-Dusche belohnt. Adrenalin setzt ungeahnte Kräfte frei und bringt unseren Geist in eine euphorische Stimmung – weswegen der Adrenalin-Kick auch eine gewisse Suchtgefahr birgt. Die Angst, zu verlieren und die Angst vor der Angst zu überwinden, bedeutet Freiheit.

Lernkurven

Ich habe noch Zeiten erlebt, wo man Insights, Inspirationen, Ideen und Erfahrungen weggeschlossen hat. Nach dem Motto: Das ist mein Wissen, meine Idee. Diese Zeiten sind Gott sei dank vorbei. Heute leben wir in einer Sharing Economy und das gilt auch für Ideen und Learnings. Die besagten »Fuck-up-Nights«, wo Start-ups ihre Flop-Erfahrungen teilen, habe ich bereits angesprochen. Das hat etwas mit Statement und Standing zu tun. Wer nur Erfolgs-Storys kommuniziert, ist in meinen Augen komplett unglaubwürdig.

Zumachen

Ich habe diverse Industrie- und Trendnetzwerke mitgegründet und Vertraulichkeit genauso wie kreative Offenheit mussten hier nicht extra betont werden – sie waren ein ungeschriebenes Gesetz in Form eines Gentleman Agreements.

2009 wurde in Berlin in einer ungewöhnlichen Umgebung die LaFutura von *Nils Müller* gegründet und ich durfte die erste Runde moderieren. Eingeladen waren trendaffine Menschen aus der Industrie und Experten aus Instituten und Agenturen. Anfangs gab es bei einigen Interessenten eine dezente Zurückhaltung. Sie hatten nicht zugesagt, weil ja eine Konkurrenz-Agentur ebenfalls teilnehmen könnte. Also starteten wir mit rund 60 Teilnehmern, bei denen die Neugier und der Wille zum konstruktiven Austausch höher waren als die Bedenken, auf vermeintliche Wettbewerber zu treffen. Heute ist LaFutura ein faszinierendes Netzwerk mit Events auf der ganzen Welt und Hunderten internationalen Teilnehmern. Ja, es können auch Wettbewerber darunter sein, aber heute stehen das

Chancen-Denken und das Interesse an Kooperationen im Vordergrund und wird auch genutzt. Win-win für alle.

Zwei Menschen sind immer zwei Extreme.
Friedrich Hebbel

Innovation-Sparring: Extreme

- Was ist für dich im Kontext von Innovation extrem?
- Wie kannst du »extreme« Kontakte, Tools, Prozesse etc. in deine Innovationsumgebung integrieren?
- Welches Ritual kannst du in deinen täglichen Ablauf einbauen, das dich immer wieder aufs Neue herausfordert und über (vermeintliche) rote Linien springen lässt?

Deine Mind-Map: Extrem

Extreme

Du hast eine faszinierende Zukunft mit Innovationen!

Der SMILE-Check-up

Sinn → Wie definierst du das Warum und den Sinn von Innovation (rational und emotional).

Strategie → Wie gehst du den Weg zur Innovation, zu Quick-Wins und auch zu den ambitionierten Disruptionen?

Spaß → Wie entkrampfst du die Innovationskultur und -prozesse und wie macht Innovieren einfach mehr Spaß?

Momentum → Wie schaffst du den »richtigen« Moment zur Innovation?

Mut → Was brauchst du, um den ersten Schritt zu gehen, und wer kann dich dabei unterstützen?

Mantra → Wie kommunizierst du effektiv rund um Innovationen und mit welchen Tools?

Ich → Was begeistert dich und wie motivierst du dich nachhaltig?

Inspiration → Welche Inspirationsquellen nutzt du und welche noch nicht?

Idee → Wann ist für dich eine Idee eine gute Idee und wie verkaufst du Ideen erfolgreich?

Leidenschaft → Wie bleibt das Feuer am Brennen oder wie wird es gar zu einem »Flächenbrand«?

Last → Wie befreist du dich von Barrieren und Energiefressern?

Leichtigkeit → Wie schaffst du eine Atmosphäre von permanentem Flow?

Entscheidung → Wie sehen deine Entscheidungsschritte aus?

Erfolg → Wie definierst du Erfolg und wie feierst du ihn?

Extreme → Wie setzt du dir immer wieder neue Ziele, um aus deiner (mentalen) Komfortzone herauszukommen?

Und jetzt doch noch ein Prozess: Meine Best-of-Philosophie

Prozesse gibt es einige, wenn auch nicht so viele, wie den berühmten Sand am Meer. Im Intro habe ich beschrieben, dass mein Fokus in diesem Buch auf Innovationskultur, Inspiration und einer gewisse Entspanntheit mit Spaß rund um Innovationen liegt.

Ich möchte meine eigene Regel brechen und dir in kurzen Stichpunkten meinen Best-of-und-Lieblings-Innovationsprozess nahebringen. Warum ist er mein Favorit? Der Ansatz in diesem Prozess zahlt enorm und mit einer hohen Rendite auf eine positive und nachhaltige Innovationskultur ein. Er fördert intensiv die Suche nach Schätzen, wie Insights in allen Dimensionen und Perspektiven: Trends-, Consumer-, Technology-, Trade-, Future-Insights. Wenn du dazu die Kunst beherrschst, die richtigen kreativen Talente zu nominieren, ist dieser Prozess ein faszinierendes Investment. Der Name dieses Innovationsprozesses? Nenn ihn, wie du magst. Ich selber habe ihn unter dem Branding RoadMap-Process, InnoPower-Teams erlebt und gecoacht oder als InnoLabs in die Unternehmen gebracht,

je nach Philosophie der Firma. Den Namen kannst du selbst definieren und idealerweise macht er einfach neugierig und passt zur Kultur im Unternehmen.

In Kapitel »i3 Idee« habe ich gefragt: Wann ist eine gute Idee eine gute Idee? Hast Du sie für dich beantwortet? Gerne gebe ich dir ein paar Antworten mit. Eine gute Idee ist gut, wenn sie folgende Eigenschaften hat:

- *Consumer Insight:* Wenn die Idee einen Need, einen Frust, ein Kundenproblem löst und das kann rational wie emotional sein.
- *USP:* Wenn die Idee neu, einzigartig und bestenfalls schützbar durch Marken, Technologien oder Patente ist.
- *Trend-fit*: Wenn die Idee im Trend liegt, d.h. auf einen »beweisbaren Trend«, wie z.B. Consumer Experience, Aging Society etc., einzahlt und mit Daten eine gewisse Reinsurance/Sicherheit bringt.

- *Machbarkeit*: Wenn die Idee für dich umsetzbar und herstellbar ist, ggf. auch durch Unterstützung Dritter, Kooperationspartner oder Lieferanten.
- *Marken-fit:* Wenn die Idee zu dir, in diesem Sinne zur Marke, passt und zu den Werten bzw. im Einklang mit dem Unternehmen ist.
- *Sales*: Wenn die Idee ein Win-win mit deinen Handelspartnern ist, on- wie offline.
- *Verantwortung/Sustainability:* Wenn die Idee einen nachhaltigen Higher-Level-Benefit schafft.

Kannst Du die genannten KPI auch für dich und dein Umfeld abhaken oder hast du für dich andere zu der Frage: »Wann ist eine Idee eine gute Idee?« gefunden? Okay. Sind deine KPI intern in deinem Unternehmen nachvollziehbar und neudeutsch »aligned«, ist jetzt die Herausforderung, für jeden der KPI einen Experten zu nominieren. Je nach Größe und Investmentbereitschaft (Menschen, Zeit und Geld) des Unternehmens muss das nicht unbedingt jemand aus dem eigenen Unternehmen sein. Ich habe Firmen begleitet, wo jeweils drei Interne mit drei Externen (Agentur, Lieferant oder andere Partner) gemeinsam innoviert haben. Die Spielregeln sind folgende:

- Das Team wird nach Gesichtspunkten, wie Expertise und kreativem Talent, konkret nominiert: Das Thema Kundenproblem wird in der Regel aus der Marktforschung oder dem Marketing besetzt. Die Umsetzbarkeit prüft ein Team aus der Technik/R&D oder dem Handel mit einem Experten aus dem Sales-Bereich. Kreatives Talent und Diversity bedeuten, dass es nicht unbedingt die Person sein muss, die vom Organigramm aus gesehen die »richtige« wäre, sondern gerne auch jemand aus der zweiten oder dritten Reihe. Essenziell ist, dass die Person für dieses Team und die Philosophie richtig brennt. Diversity bedeutet bitte nicht nur, wie es typischerweise gemacht wird, nach Geschlecht, Alter, Jobbeschreibung oder Hautfarbe, sondern perfekt ist, wenn du auch einen ausgewogenen Mix an Mindsets hast. Ich selbst war in einem Team aus intrinsisch hoch motivierten »kreativen Spinnern«: Wir haben uns oft getroffen, ausgetauscht und enorm viel Spaß gehabt, aber nichts Zählbares auf die Straße gebracht. Wir haben es schnell justiert. Du brauchst genauso den Pragmatiker, Controller, Visionär und »Erbsenzähler«. Alle diese Rollen meine ich mit einem hohen Grad an Respekt.

- Vorbereitung. Die jeweiligen Vorgesetzten investieren in Zeit, auch Budgets und vor allem in Vertrauen.
- Die Mitglieder werden trainiert, in puncto in- und externes Netzwerken und im Entdecken von relevanten Insights – jeweils aus der eigenen Expertenrolle.
- Das Team trifft sich regelmäßig: Das ist nach Abstimmung variabel. In der Praxis hatte ich die unterschiedlichen Ansätze – von zweimal im Monat für drei Stunden, einen Tag extern pro Monat oder anderthalb Tage alle zwei Monate.
- In diesem Meeting präsentiert jeder aus seiner Rolle die neuesten und relevantesten Insights. Ich bin kein Fan von Excel-Tabellen mit Schriftgrößen unter 10. Ich mag große und freie Wände, auf denen diese Insights als Bullet-Points oder im Twitter-Style präsentiert und aufgehängt werden. Perfekt ist, wenn man einen Raum mit freier Wand hat, auf dem das gemeinsame Bild von Meeting zu Meeting wachsen kann.

Was passiert? Die faszinierenden Effekte sind:

- Alle Team-Mitglieder bringen etwas zu den Treffen mit, und alle sind präsent und alle haben im wahrsten Sinne des Wortes etwas zu sagen. Das heißt, man begegnet sich auf Augenhöhe, ohne Hierarchiedenken.
- Gegenseitige mentale Befruchtung. Die Insights aus allen Dimensionen werden geteilt, gechallenged, auf Relevanz und Einfluss auf das eigene Unternehmen bewertet. Recherchen und Insights werden direkt für das nächste Treffen gebrieft.

Beispiel Consumer Insight

Aufgrund von externen »Aggressoren« verschließen sich Kunden mehr und mehr zu Hause, richten es sich wie in einer Komfortzone ein und der Wunsch nach demokratisiertem Design, also z. B. bezahlbaren Wohnaccessoires steigt. Briefing für das nächste Meeting: Finde konkrete Daten zum dem Stand heute und dazu, wie sich dieser Trend in den nächsten zwei oder fünf Jahren entwickelt? Oder: »Stand heute« sind 24% der Haushaltsgeräte digital steuer- und vernetzbar. In fünf Jahren ist es Common Sense und praktisch 90%+ sind vernetzbar. Das heißt, habe immer den relevanten Fakt für die eigene Branche und Blick jenseits der Box und mit Ausblick in die Zukunft.

- Die Teilnehmer entwickeln sich mehr und mehr zum Netzwerker und Entdecker von Schätzen in Form von in- und externen Kontakten und frischen, relevanten Insights.
- Und wenn die Informationsbausteine an der Wand eine kritische Masse erreicht haben, in der Regel ab dem dritten Meeting, fängt automatisch die intellektuelle Verknüpfung der Insights, Punkte und Muster an (beschriebenes ABCD-Mantra[64]). Es werden mögliche negative wie positive Auswirkungen einzelner und verknüpfter Insights auf das eigene Unternehmen diskutiert, ggf. Experten hinzugeholt und quasi »nebenbei« neue Ideen entwickelt, Designs und Prototypen gebastelt und erste Kunden-Feedbacks eingeholt, wieder optimiert und intern präsentiert.

Dieser kurze Exkurs soll dir einen kleinen Einblick in meinen Lieblingsprozess geben.

Natürlich gibt es dazu noch Lernkurven zu der Team-Zusammenstellung, wie und wo findest du die richtigen Insights und wie läuft das Team auch nach einem halben oder sogar zwei Jahren noch rund und vor allem mit Leichtigkeit und Spaß? All dies würde jedoch den Rahmen und die eigentliche Ausrichtung des Buches sprengen. Wenn du dazu Fragen hast, schick mir eine E-Mail. Meine Kontaktdaten findest du am Ende des Buches.

---

64 Siehe Kapitel ABCD.

Finale

Nachdem wir jetzt gemeinsam die Innovationsreise mit $S_{(spielen)}$ x $m_{(machen)}$ x $i_{(investieren)}$ x $l_{(lieben)}$ x $e_{(ernten)}$ gegangen sind, hoffe ich vor allem, dass ich bei dir ab und zu einen Smile auslösen konnte. Das ist das Wichtigste.

Wenn du auf deiner eigenen Innovationsreise bist oder sie gerade antrittst, wünsche ich dir: Sei Mentor und Botschafter für Inspiration, Kreativität und Innovation. Komm ins Spielen und definiere den Sinn von Innovation und die Innovationsstrategie für deinen Bereich. Erhöhe den Spaß-Faktor. Starte und mache. Nutz das Momentum und gehe kühn und mutig deinen Weg. Kommuniziere deine Innovationsphilosophie wie ein Mantra. Investiere in dich. Nutze jede Art von Impulsen und werde zum Schatzsucher für Inspirationen. Beschreibe deine Ideen kurz und knapp und visualisiere sie mit Zeichnungen und Prototypen. Liebe das, was du tust. Ist es Arbeit oder Spiel? Erhöhe den Grad der Leidenschaft und verringere den Anteil an Last – seien es Barrieren oder Nörgler. Bring Leichtigkeit in deine Einstellungen, deine Umgebung und dein Tun. Ernte

den Erfolg. Definiere konkrete Entscheidungsschritte und bleibe bei deinen Entscheidungen. Schaffe Klarheit und Konsequenz für dich und deine Umgebung. Priorisiere und fokussiere. Definiere, was Erfolg für dich bedeutet. Sei zufrieden für den Moment und fordere dich dennoch immer wieder selbst erneut heraus. Suche dir immer wieder Wege, um aus deiner Komfortzone herauszukommen. Werde im positiven Sinne ein hungriger, neugieriger und extremer Innovator.

Ich bin dankbar, wenn du dieses Buch zu deinem gemacht hast. Mit deinen Kommentaren, Gedanken, Ideen oder Notizen.

Erwartungshaltung und Einstellung

Bei einem meiner Vorträge bei einem B2B-Konzern und Technologiekonzern sprang einmal ein Mitarbeiter auf und kommentierte »Das kenne ich alles schon.« Der Mitarbeiter war im *Knowing-doing Gap* und ich habe mich für den Hinweis bedankt und gefragt »*Und? Wendest du es auch an?*« Der Chef schmunzelte amüsiert und dann haben wir direkt gemeinsam einen konkreten Handlungs- und Umsetzungsplan gestaltet und definiert.

»Das kenne ich alles schon.«

Erinnerst du dich? Eingangs habe ich geschrieben, wenn nur ein Impuls für dich dabei war, der dich zum Nachdenken und Handeln gebracht hat, dann hat sich die Investition in das Buch und in deine Zeit gelohnt. Und? War für dich mindestens ein frischer Impuls dabei? Eine kleine finale Return-on-Inspiration-Challenge-Runde:

- Kennst du dein kreatives Mindset?
- Kennst du dein »Why?«
- Welche Wildcards können dein Geschäftsmodell zerstören?
- Wie sehen deine Zukünfte aus?
- Hast du ein strategisches Zukunfts-Management?
- Innovierst du aus der Kundenperspektive?
- Wie bist du vernetzt, in- wie extern?
- Wie definierst du Innovationen?

- Hast du Verantwortlichkeiten und Schnittstellen definiert?
- Denkst du dezent vorsichtig oder frech und radikal?
- Hast du eine (emotionale) Vision und nachhaltige Mission?
- Hast du in- und externe Barrieren identifiziert?
- Hast du dich konsequent von Nörglern und Energieräubern verabschiedet?
- Was ist dein Beitrag für eine bessere Welt?
- Fühlst du dich intrinsisch motiviert? Stichwort Eigenverantwortung.
- Hast du dich in- wie extern exzellent vernetzt? Und was gibst du in das Netzwerk?
- Wie setzt du deine kreative Energie ein? Trainierst du täglich dein Neugierde-Gen?
- Wie kommunizierst du deine Stärken, deine Inspirationen, deine Ideen und deine Innovationen?
- Hast du einen wirklich schlanken Prozess und schlanke Abläufe?
- Wie investierst du in ein inspirierendes Umfeld?
- Hast du Ressourcen zur freien Verfügung?
- Genießt du und gibst du Vertrauen?

- Hast du dir räumliche und vor allem mentale Freiräume zum Innovieren geschaffen?
- Was begeistert dich und wie begeisterst du dein Umfeld?
- Wie nimmst du Anlauf, um aus der Komfortzone zu springen?
- Trainierst du deine Entrepreneurial Skills und bist du heute schon ein unternehmerisches Risiko eingegangen?
- Tendierst du eher zur internen Versuchsratte oder zum aktiven Gestalter?
- Hast du innere Stärke? Und wie trainierst du deine Stärken?
- Wie etablierst du positive Gewohnheiten, dauerhaft und nachhaltig?
- Für was wirst du bezahlt?
- Was ist dein USP und Mehrwert beim Innovieren?
- Wie füllst du täglich deine »Bedürfnis-Gläser« nach Autonomie, Kompetenz und Beziehungen?
- Hast du Probleme und Suchfelder definiert?
- Hast du immer wieder Blinddates mit deinen Kunden und Noch-nicht-Kunden?

- Hast du dir dein persönliches Innovation-Advisory-Board eingerichtet?
- Hast du ein pro-aktives Trend- und Zukunfts-Management installiert?
- Kannst du im Kontakt mit deinen Kunden dein Ego runterfahren?
- Hast du das Problem richtig verstanden?
- Wann ist für dich eine Idee eine gute Idee?
- Probierst du immer wieder neue Kreativitätstechniken aus?
- Wie verkaufst du deine Ideen effektiv?
- Bist du mit 100% dabei?
- Bist du näher am internen Nahtod-Erlebnis oder aktiv beim Spaß-Upgrade?
- Hast du einfach Spaß beim Innovieren?
- Schaffst du die Rahmenbedingungen für ein inspirierendes Umfeld?
- Gibst du dir und deinem Team Freiräume?
- Appellierst du an die Eigenverantwortung im Sinne von: »... *Was schlägst du vor?*« »... *Was sind deine Ideen?*«
- Feierst du deine Ideen und Innovationen gemeinsam mit deinem Team?

- Hast du heute schon etwas anders gemacht als gestern?
- Wie bekommst du bei aller, fast normalen Hektik ein gewisses Maß an Muße und Ruhe in deine Abläufe?
- Hast du relevante Insights?
- Was macht deine neue, deine innovative Lösung aus Kundensicht wirklich-wirklich einzigartig?
- Wie kannst du das Leben deiner Kunden (und Noch-nicht-Kunden) konsequent vereinfachen?

- Wie werden deine Kunden »süchtig« nach deinen Lösungen und sogar Multiplikator?
- Wie vermeidest du »*Knowing-doing Gap*«?
- Wie wirst du – im positiven Sinne – extremer in deinen Innovationsaktivitäten?
- Wie behältst du immer ein Smile auf den Lippen?

Danke & ;-)

Kontakt

Danke, dass du mir bis hierhin gefolgt bist. Da ich – das weißt du nun – das Netzwerken liebe, freue ich mich auf den interaktiven Austausch mit dir. Wenn du Fragen rund um das Thema Innovation hast oder du für eine bestimmte Herausforderung einen Sparrings-Partner suchst, auch gerne aus meinem Netzwerk, dann freue ich mich auf deine Nachricht. Genauso freue ich mich, wenn du inspirierende Insights, Trends oder Tools mit mir teilen möchtest. Compliance natürlich immer vorausgesetzt.

Ich freue mich auf deine Nachricht unter:

INNOVATORS-SMILE@email.de

Extra-Impulse

Vortrag

Instant-Impuls gesucht? Vorträge von Jens Bode sind das positive Störfeuer für deine Veranstaltung. Praxiserprobt, begeisternd und mit einer Extra-Prise Smile. Inspirierend, informativ, interaktiv und mit direkt umsetzbaren Impulsen.

- Keynote für deine nächste Führungskräfteveranstaltung, deinen Kongress oder dein Kunden-Event

& Intensiv-Sparring

Du willst interne Innovationen intensivieren und suchst Orientierung im Dschungel der vielfältigen Offerten? Hier ist das Angebot: Das Ein-Tages-Intensiv-Sparring, bestehend aus drei Bausteinen à 2,5 Stunden, mit jeweils einem Vortrag und einem Workshop-Anteil. Du erhältst ein Buffet aus Impulsen und Inspirationen aus der Pra-

xis, für die Praxis, passend zu deinem Umfeld und deiner Organisation. Das Ziel: Konkrete Impulse für den Aufbau einer nachhaltigen Innovationskultur.

- Neuaufbau einer Innovationskultur und -organisation mit konkreten Handlungsimpulsen zur direkten Umsetzung

& After-Work Sparring

Bei Adhoc-Fragen bietet Jens Bode ein Sparring per Telefon und Skype an. Entspannt am Abend mit frischen Impulsen für den nächsten Tag.

Die Extra-Impulse stehen in einer limitierten Anzahl und für ausgewählte Projekte pro Jahr zur Verfügung. Auch hier gilt, Compliance immer vorausgesetzt. Konkrete Anfragen bitte unter INNOVATORS-SMILE@email.de

Danke

an meine Söhne Bo und Ben, meine Partnerin Nic, mit Lea und Mara, für eure Einzigartigkeit, unermüdliche Neugierde, Fragen und Kreativität – mit einem dicken ;-).

Danke

an meine Freunde, Innovation-Buddies und engen Sparrings-Partner *Prof. Dr. Hans-Willi Schroiff, Sascha Büchner, Lutz Mehlhorn, Steven Van Der Kruit, Marc Wagner, Dr. Dag Piper, Lothar Schieberle, Nils Müller, Dr. Michael Herbst, Dr. Torsten Fremer, Peter Schmidt und Philipp Hess* für eure inspirierende Begleitung über viele Jahre, für spannende Diskussionen, »verrückte« Ideen, konstruktive Feedbacks und vor allem für unsere gemeinsame Begeisterung und den damit verbundenen Spaß am Innovieren.

Danke

an all die Institutionen und Unternehmen, die mir bisher ihr Vertrauen geschenkt haben, die ich inspirieren und beraten durfte. Ein herzliches Dankeschön an die Henkel AG & Co. KGaA aus Düsseldorf dafür, dass ich mich stets innovativ und kreativ entfalten durfte und darf. Ich habe viel gelernt dabei – in alle Dimensionen.

Danke

der Haufe Group für das Vertrauen, die Kooperation und dass sich der Verlag auf dieses Experiment eingelassen hat und Ute Flockenhaus für das intensive Feedback im Rahmen der Manuskripterstellung und Autorencoaching sowie Doreen Ludwig, decorum Fachlektorat, für das Schlusslektorat.

;-)

Ihr Feedback ist uns wichtig!
Bitte nehmen Sie sich eine Minute Zeit

www.haufe.de/feedback-buch